理 解 商 业 世 界 的 本 质

The Underlying Logic Ⅱ

Understanding the
Essence of Business

刘润 著

机械工业出版社
CHINA MACHINE PRESS

图书在版编目（CIP）数据

底层逻辑 . 2，理解商业世界的本质 / 刘润著 . -- 北京：机械工业出版社，2022.8（2024.3
重印）

ISBN 978-7-111-71299-2

I. ①底…　II. ①刘…　III. ①成功心理 - 通俗读物　IV. ① B848.4-49

中国版本图书馆 CIP 数据核字（2022）第 142507 号

底层逻辑 2：理解商业世界的本质

出版发行：机械工业出版社（北京市西城区百万庄大街 22 号　邮政编码：100037）

责任编辑：刘　静　　王　芹
责任校对：陈　越　　刘雅娜
印　　刷：三河市宏达印刷有限公司
版　　次：2024 年 3 月第 1 版第 6 次印刷
开　　本：147mm×210mm　1/32
印　　张：9.25
书　　号：ISBN 978-7-111-71299-2
定　　价：69.00 元

客服电话：（010）88361066　68326294

版权所有·侵权必究
封底无防伪标均为盗版

很多人对数学有一种恐惧感，一谈到数学就会脸色骤变，因为他们曾经被数学伤害过，留下了心理阴影。作为一名毕业于数学系的商业顾问，我为他们感到深深的遗憾。

其实，数学是用来描述万物本质的语言，是理解这个世界的底层逻辑。只有从数学上理解了一件事情，你才真正从本质上理解了这件事情。

数学，是一门不能被证伪的学科，是所有自然学科的终点。经济学的尽头，是数学；物理学的尽头，是数学；所有自然学科的尽头，都是数学。

而商业与数学，也有着令人惊叹的紧密联系。在职场上，在创业路上，在经营企业的过程中，你一定会有很多困惑，比如：

▸ 一个人要创业多少次，才能获得成功？

▸ 创业时应该选"钟形"行业，还是"尖刀形"行业？

▸ 为什么要坚持长期主义？

▸ 在招聘员工的时候，应该招聘能力强的还是态度好的？

▸ 为什么无论付出多大的努力，财富机会都是不均等的？

…………

谁能告诉你答案？数学。

看似复杂的商业模式，用一个简洁的数学公式便可揭示其奥妙。很多棘手的商业问题，利用一些简单又常见的数学知识就能找到解法。瞬息万变的商业世界扑朔迷离，令人难以捉摸，但以数学为钥匙，就能掌握其底层逻辑，让你洞若观火。

这正是我写作此书的缘由。在这本书中，我将从数学对商业的重要性开始讲起，用一个简单的"创业成功公式"告诉你怎么做才能持续成功。接下来，我会用简单而有趣的方式，把那些能启发你的商业思维、帮你抓住本质的数学知识重新讲给你听。

▸ **四则运算**：基于数字的加减乘除在商业世界具有独特

价值，掌握这个工具，你就能从数字中开采出"矿藏"。比如，用加减乘除来分析一家公司的财务报表，能使你如同透视一般了解其真实的经营情况。

▶ **笛卡尔坐标系**：利用笛卡尔坐标系创建的重要思维工具——维度，养成"五维思考"的习惯，你就能升维思考、降维执行，从而更好地理解商业世界，在创业道路上所向披靡。

▶ **指数和幂**：指数和幂以及它们背后的数学规律，几乎决定了你在商业世界里能获得多大的成功。理解了这两个数学概念，你就能看清这个"不平等"的世界的游戏规则，明白"多者更多，少者更少"才是世界的正常状态，从而选择适合你的赛道，在你的赛道里，做时间的朋友，收获属于你的成功。

▶ **方差与标准差**：方差与标准差是衡量差异性的重要工具，掌握了这两个数学工具，你就懂得在经营企业、管理团队、制造产品时缩小该缩小的差异性，扩大该扩大的差异性，从而确保企业的良性运转。

▶ **概率与统计**：这个世界从来都是不确定的，创业就是管理概率。只有懂得概率和统计，理解了数学期望、大数定律和条件概率等数学概念，你才能理解世界的不确定性并且不焦虑，在看清创业的真相后依然热爱创业。

▶ **博弈论：** 你在决策时，别人也在决策。这些决策相互影响，甚至相互交织，从而使那些奇妙的决策显得很愚蠢，使那些莫名其妙的决策产生奇效。而收益矩阵、占优策略、纳什均衡等博弈论概念能帮助你在复数主体下做出更好的战略决策，利用数学的力量让自己在商业世界中始终"占优"。

现在，请你捧起这本书，跟着我领略商业中的数学之美，用数学思维理解商业世界的底层逻辑。希望数学能为你带来洞察之眼、深思之心，让你看透商业的本质，在商业世界里走得更远、飞得更高。

CONTENTS ▶ 目录

第 1 章

为什么学好数学对洞察
商业本质很重要

数学是用来描述万物本质的语言

一个创业者、管理者或者企业家，为什么要学习数学？

因为数学是用来描述万物本质的语言。只有从数学上理解了一件事情，你才真正从本质上理解了这件事情。

所有的语言都是连接器。文字语言是用来连接写作者和阅读者的，声音语言是用来连接说话者和接收者的，音乐语言是用来连接演奏者和聆听者的，设计语言是用来连接创作者和欣赏者的，计算机语言是用来连接现实世界与虚拟世界的。

数学语言呢？它是用来连接现象和本质的。

基础成功率

创业时，我们经常说"天道酬勤""坚持就是胜利""失败是成功之母""这个世界上只有一种失败，就是半途而废"。

爱迪生试验了 1600 多种耐热发光材料，终于发明了白炽灯。彼得·韦斯特贝卡（Peter Vesterbacka）研发了 50 多款游戏，屡败屡战，最终创造了《愤怒的小鸟》。王兴历经 9 次创业失败，最终做出了美团。

你看，只要坚持不懈，只要不放弃，努力终将获得回报，我们终将走向成功。

真的是这样吗？怎么听上去这么像"鸡汤"？但是，这些现象又真实存在。我们真的可以用这些"鸡汤"来指导创业吗？

这时，我们要借助数学语言来理解这些现象背后的本质。

首先，你要理解一个非常重要也非常基础的概念，叫"基础成功率"。

基础成功率是一个多因素变量。它受创业者个人能力的影响（如有没有创过业、踩过坑、带过团队等），受所在行业特性的影响（如行业集中度、巨头对产业链的掌控度，以及行业是否面临巨大的技术变革等），受竞争性强弱的影响（如进入门槛高不高，退出门槛是否很低，进来后退不出去的人是否会"宁为玉碎，不为瓦全"地战斗到剩最后一滴血等），受各种政策的影响（如是否符合国家战略方向，地方是否有扶持政策，是否受到各种政策制约等），甚至受一些意外状况的影响（如 CTO 突然离职去看世界了，下一轮融资泡汤了，数据库被加班到绝望的程序员一怒之下删了等）。

在这么多因素（甚至可能没有一个主导因素）的影响之下，随着创业活动的开展，基础成功率或高或低地变化着，在 0 和 100% 之间移动。

基础成功率不可能等于 0。万一你第一次买彩票，就中了 1000 万元呢？万一你随手抓了一副牌，就"天和"了呢？虽然可能性极低，但不是完全没有可能。这就是阿迪达斯所说的"没有不可能"、李宁所说的"一切皆有可能"。

基础成功率不可能等于 100%。万一有人突然发明了一项颠覆性技术呢？万一像教培行业一样突然就被治理了呢？虽然不容易遇到，但是"黑天鹅"一定在某个角落等待起飞。这时，很多企业会感叹："为什么我们做对了所有事情，依然错失城池？"

用数学语言来表述，对创业企业来说，基础成功率的取值范围是：

$$0 < 基础成功率 < 100\%$$

那么，创业企业通常的基础成功率是多少呢？

这就要看你怎么定义成功了。

每个创业者对成功的定义都不一样，但是，商业界对企业的成功还是有基本共识的，那就是：永续经营。换句话说，就是一直活下去。活得越久，企业越成功。这就是我们向往和追求"百年企业"的原因。虽然我们不可能真正地"永续"，但应该活得尽量久。

可是，多久叫"久"呢？

我们来看一组数据：中国中小企业的平均寿命大约为 2.5 年，生命周期超过 5 年的企业不到 7%，能活过 10 年的企业仅有 2%。[⊖]

你认为活多久叫成功？ 5 年？那么中国企业的基础成功率只有 7%。10 年？那么中国企业的基础成功率只有 2%。

当然，这是一个全国平均值。我知道，作为创业者，你可能很优秀，名校毕业，有大公司工作背景，甚至拿到了融资，所以，你的基础成功率远远高于社会平均水平。好，我们假设你的基础成功率是平均水平的 10 倍，也就是 $2\% \times 10 = 20\%$。

20%，看上去仍然是一个不高的比例。怎么办？

这时，我们要开始动用"坚持、不放弃"的品质了：失败了，不放弃，坚持再来一次；还不行，那就再来一次。

这时，你要理解另一个也很重要但稍微有点难的概念，叫"整体成功率"。

整体成功率

你从 5 张牌中随机抽 1 张，你抽中了"一等奖"——一部 iPhone，直接拿回了家。请问，你抽中 iPhone 的基础成功率是多少？是 1/5，也就是 20%。

⊖　木木."断臂求生"的限制条件［EB/OL］.（2021-12-14）. https://www.stcn.com/space/tg/202112/t20211214_3966806.html.

如果你没抽中，你说："啊，没抽中。不服气，我再抽一次。"可以，我让你抽第二次，还是从 5 张牌中随机抽 1 张。请问，你第二次抽中 iPhone 的基础成功率是多少？还是 20%。这就是概率论里的"独立事件"。你第二次抽中的基础成功率不会因为第一次没抽中而提高或者降低。

但是，你抽了两次，在这两次中，无论哪一次抽中，你都能把 iPhone 拿回家，都叫成功。如果把两次尝试中只要有一次成功就叫成功的概率称为"整体成功率"，那么，请问你抽中 iPhone 的整体成功率是多少？

是 20% + 20% = 40% 吗？

不是，是 36%。

你可能很疑惑："啊？为什么？"这涉及一点中学数学知识。我会尽我的努力，让整本书里提及的数学概念你都能看懂。

抽两次奖，会有三种可能性，如表 1-1 所示。

表 1-1　抽两次奖的三种可能性

	第一次	第二次
可能性 1	中奖	（不用抽了）
可能性 2	没中奖	中奖
可能性 3	没中奖	没中奖

在可能性 1、可能性 2 这两种情况下，你都可以把 iPhone 拿回家。总体来说，这都叫成功。只有可能性 3 这种情况，

运气实在不好，两次都没抽中，你才会悻悻而归。

那么，只要算出可能性 3 的概率，排除掉它，剩下的不就是整体成功率吗？

连续两次没中奖的概率是多少呢？

第一次中奖的概率是 20%，没中奖的概率是 80%。第二次抽奖是独立事件，没中奖的概率还是 80%。所以，连续两次没中奖的概率是 80% × 80% = 64%。于是，两次中至少有一次中奖（不管是第一次还是第二次）的整体成功率是：1 − 64% = 36%。

你发现了吗？只抽一次，你的"基础成功率"是 20%。抽两次，你的"整体成功率"是 36%。你的基础成功率提高了。

那么，抽三次呢？

你运气差到三次都不中的概率，是 80% × 80% × 80% = 51.2%。反过来，你的整体成功率就变成了：1 − 51.2% = 48.8%。

抽奖的次数越多，你的整体成功率（至少有一次成功的概率）就越高，如表 1-2 所示。

表 1-2　抽奖次数与基础成功率、整体成功率

	抽一次	抽二次	抽三次
基础成功率	20%	20%	20%
整体成功率	20%	36%	48.8%

创业也是一样。你坚持、不放弃的次数越多，你的整体成功率（至少有一次创业成功的概率）就越高。

当然，创业要比抽奖复杂。最复杂之处就在于，人是有学习能力的。第一次创业失败的经验能用于第二次创业，从而提高第二次创业的基础成功率。如果第二次创业还是失败了，积累的经验还能用于第三次创业。所以，创业者的基础成功率通常是不断提高的。

这就是我们常说的"失败是成功之母"。

我们假设"失败"这个母亲每次都"生"出了额外的5%的基础成功率，而某位创业者三次创业的基础成功率为20%、25%、30%，那么，他的整体成功率是多少呢？如表1-3所示。

表 1-3　创业者三次创业的基础成功率与整体成功率

	创业一次	创业二次	创业三次
基础成功率	20%	25%	30%
整体成功率	20%	40%	58%

将表1-2和表1-3对照来看，你会发现，与抽奖相比，随着坚持的次数增加，创业的整体成功率有了更大的提升。

这就是为什么我们说"创业需要赌性，但不是赌博"。

但是，不管是48.8%，还是58%，整体成功率都不算非常高。创业者可能会问：我希望"一定成功"，或者"几乎一定成功"，到底要创业多少次呢？

首先，没有绝对的"一定成功"。因为整体成功率和基础成功率一样，不可能等于100%，总有你控制不了的外部因素和意外情况。

你可以换一种问法：到底要创业多少次，才能让我的整体成功率大于 99% 呢？

我们来算一下。

我们假设"失败是成功之母"是真命题，也就是说，只要你能保持从失败中学习，就能不断提高基础成功率。但是同时，我们也假设"失败所能带来的基础成功率提升是有限的"，因为成功在很大程度上是由不可控的外部条件所决定的，所以，我们把基础成功率的上限设定为 50%。

于是，我们可以得出表 1-4。只要你能"stay hungry"（求知若饥，即不断学习，提高基础成功率）、"stay foolish"（虚心若愚，即不断尝试，提高整体成功率），并且坚持、不放弃达到 10 次，你的整体成功率（至少成功一次）就提升到了 99.44%。

表 1-4　创业十次的基础成功率与整体成功率

	创业一次	创业二次	创业三次	创业四次	创业五次	创业六次	创业七次	创业八次	创业九次	创业十次
基础成功率	20.00%	25.00%	30.00%	35.00%	40.00%	45.00%	50.00%	50.00%	50.00%	50.00%
整体成功率	20.00%	40.00%	58.00%	72.70%	83.62%	90.99%	95.50%	97.75%	98.87%	99.44%

但是，如果你不学习呢？也就是第二次创业的基础成功率和第一次创业一样是 20%，甚至此后无数次创业的基础成功率永远是 20% 呢？那你需要创业 21 次，才能因为运气好而获得 99% 的整体成功率。

认知的提升，帮助我们把获得 99% 成功率的尝试次数从 21 次减少到了 10 次。这就是为什么我们说"人与人最大的差别就是认知"，也是为什么创业者一定要学习、学习、学习，要永不停止地学习。

创业成功公式

前文所述，可以归纳为一个公式，即：

$$整体成功率 = 100\% - (100\% - 基础成功率)^{尝试次数}$$

我们把这个公式叫作"创业成功公式"。

通过这个公式，你立刻就能理解怎么提高整体成功率。有两个办法：一是提高基础成功率，二是增加尝试次数。

这也是为什么我们说"正确的事情，重复做"。"正确的事情"就是能提高基础成功率的事情，而"重复做"就是增加尝试次数。

可是，即便这样，我们还是无法 100% 获得成功啊！

是啊，这个世界上没有 100% 的成功率。就算你有了 99% 的整体成功率，依然有 1% 的可能会失败。这时，古人会劝慰你"尽人事，听天命"，成功企业家也会劝慰你"成功主要靠运气"，比如马化腾说"我创业初期 70% 靠运气"，雷军说"企业的成功 85% 来自运气"，陈士骏也说"成功要 90% 的运气加 10% 的努力"。

什么是"尽人事，听天命"？

"尽人事"就是提高整体成功率，而"听天命"就是等待成功的降临。如果真的不幸落在了 1% 的失败概率区间，怎么办？那就坦然接受运气之神没有光临的现实，再来一次，然后再来一次。

到这里，我提到了这些俗语、古话、"鸡汤"、创业真经。

- ▶ 天道酬勤。
- ▶ 坚持就是胜利。
- ▶ 失败是成功之母。
- ▶ 这个世界上只有一种失败，就是半途而废。
- ▶ 没有不可能。
- ▶ 一切皆有可能。
- ▶ 为什么我做对了所有事情，依然错失城池。
- ▶ 创业需要赌性，但不是赌博。
- ▶ Stay hungry，stay foolish（求知若饥，虚心若愚）。
- ▶ 人与人最大的差别，就是认知。
- ▶ 正确的事情，重复做。
- ▶ 尽人事，听天命。
- ▶ 我的成功，主要是靠运气。

这些话都对，但都是"盲人摸象"：有人说大象是根柱子，有人说大象是面墙，有人说大象是一面芭蕉扇……吵得不可开交。其实，这头叫作"本质"的大象，用数学语言来表述，就是那个简单的"创业成功公式"。

上述的俗语、古话、"鸡汤"、创业真经，都是这个公式的不同描述方式而已。

这就是数学的魅力，这就是为什么我们说"数学是用来描述万物本质的语言""只有从数学上理解了一件事情，才真正从本质上理解了这件事情"。

持续成功的底层逻辑是一个数学公式

那么，从数学上真正理解了一件事情的本质，又能怎样呢？很多人说："我学了那么多道理，可还是过不好这一生啊。"

其实不然。不懂这些道理的，才过不好这一生。

我讲个故事，这个故事从一个问题开始："皇帝为什么需要后宫佳丽三千？"

人类历史上最大的创业者，可能就是各国历朝历代的开朝皇帝了。如果说创业是一个概率游戏，那么，打天下就是这个概率游戏的终极版。成功了，则赢家通吃，独吞整个天下。输了，则诛灭九族，只能等待下辈子再投胎成为一条好汉，把"正确的事情，重复做"。

如果打天下是一个赢家通吃的概率游戏，那么，守天下呢？

均值回归，"反常一代"

每位开朝皇帝能把天下打下来，一定有极其强大的综合能力。他的基础成功率可能无限逼近 50%（假设基础成功率的上限为 50%）。可是，终有一天，他要把天下交给自己的下一代，对下一代说："看，这是朕给你打下的江山。"

可是，他的下一代守江山的基础成功率也会是 50% 吗？

那就不一定了。

我们需要先理解一个数学概念，那就是"均值回归"。

根据研究，一个家族的智商是"振荡遗传"的。经过数代的遗传，每个家族的智商上限和智商下限都是不一样的。家族 A 的"智商带宽"可能是 100 ~ 120，家族 B 的"智商带宽"可能是 95 ~ 135，家族 C 的"智商带宽"可能是 130 ~ 150，家族 D 的"智商带宽"可能是 80 ~ 115。

开朝皇帝打下了江山，说明他的综合能力很强。如果我们用智商来表示其综合能力，那么他的智商可能是 130。130 是一个很高的标准，据研究计算，全球只有 2.28% 的人智商超过 130。这位皇帝属于家族 B，130 在这个家族的"智商带宽"（95 ~ 135）中属于高点。

但是，他的下一代还会运气这么好，依然是智商 130 吗？

大概率不会，因为上帝会重新掷骰子。他的下一代的智商落在 95 ~ 135 这个区间的任何一点上都有可能，但总体会趋向于中间值（115）。如果下一代的智商落在 95 ~ 135 之间的概率是均等的，那么他的下一代有 **87.5%** 的概率比他智商低。

这就是"均值回归"。每一代的智商都会出现均值回归。而在家族"智商带宽"内，接近聪明上限（比如家族 B 的 135）的人都是运气极好的"异类"。均值回归的趋势造成了家族智商的"振荡遗传"，如图 1-1 所示。

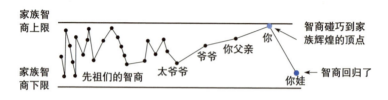

图 1-1　家族智商遗传振荡图（示意）

俗话说："龙生龙，凤生凤，老鼠的儿子会打洞。"这句话指的就是每个家族都有自己的"智商带宽"。龙的智商可能总体比老鼠高，但是，这并不代表龙的儿子就聪明。因为智商有"带宽"，"带宽"的存在，使得再聪明的龙都有可能生出一条傻龙。

所以，有人说，今天北京市海淀区在中小学教育方面最大的矛盾，是一群学霸父母和他们不争气的孩子之间的矛盾。

在北京市海淀区有大量的互联网公司，这些互联网公司用高薪网罗了大量优异的名校毕业生。这些优异的名校毕业生，在他们各自的家族中，可能都是经过若干代"振荡遗传"后运气特别好、突破均值甚至达到家族智商上限的"反常一代"。

"反常一代"被以高分为标准的考试机制、以高薪为标准的招聘机制选拔出来，聚集在北京市海淀区。当然，他们的个人努力也非常重要，因为，"反常一代"中也有由于自己不努力而未能被选中的。

但是，"反常一代"生出来的下一代，还会运气这么好地遗传家族智商上限，继续成为"反常一代"吗？

不。他们大部分人都会"均值回归"，成为一个普通人。这是普遍规律。

于是，这些学霸父母每天都非常痛苦："这种题，我小时候闭着眼睛都可以做 20 道，你怎么一晚上一道都做不出来！"

有位大学教授，从小就是"神童"，六岁时背完《新华字典》，从哥伦比亚大学获得博士学位后，回国到高校教书。但是，这位"神童"的女儿考试成绩在全班却是倒数。教授为此焦虑得整夜睡不着觉，在办公室看女儿写作业时会急得大吼大叫，甚至坚持骑自行车接送女儿上下学，为的是利用通勤时间辅导女儿。

但是，后来他逐渐不焦虑了，慢慢接受了现实。每一代人都有自己的生活和幸福，并不一定要成为学霸。他在短视频平台上说："我接受女儿是个平庸的孩子了。"

大学教授可以接受自己的孩子是平庸的，但皇帝接受不了："若是皇位传给了傻儿子，我死后，他岂不是随随便便就被佞臣弄死了？我的江山不就没有了？这可不行，我必须要生出至少一个聪明儿子啊。"

多生儿子，择优而立

还记得前面我们说的"创业成功公式"吗？

对于皇帝来说，这个公式里的基础成功率就是生出一个聪明儿子的概率。这个概率不由人来决定，而由上帝掷骰子决定。为了便于理解，我们假设一个开朝皇帝有 20% 的基础成功率生出一个聪明的儿子，守住江山。

但是，皇帝说："20% 哪儿够啊！我要千秋万代，不容闪失。"怎么办？那就只能关注第二个变量——尝试次数。直白地说，就是"多生"。

到底生多少个孩子，才能有 99% 的整体成功率生出一个能守住江山的聪明儿子呢？我们在前面计算过：21 个。

在古代，只有儿子才能继承霸业，而生育的男孩女孩比通常是 1∶1，所以，为了生 21 个儿子，开朝皇帝至少要生 42 个孩子。而且，这 42 个孩子必须在比较短的时间里生出来，这样皇帝才能相对集中地培养、选拔接班人，才能在自己有足够掌控力的时候交棒给下一代。假设这个时间窗口是 20 年。

20 年生 42 个孩子，只靠皇后一人是做不到的。怎么办？

古代不是一夫一妻制，因此，皇帝需要后宫佳丽三千，生孩子。

不管古代皇帝有没有学过数学，他都在遵循着这个"创业成功公式"，用调整公式里的变量（尝试次数）的方式，来获得更大的整体成功率，以求江山稳固。

刘备一生只有 3 个亲生儿子，刘禅、刘永、刘理，最后传位给了长子刘禅，也就是著名的阿斗，而阿斗的智商出现了"均值回归"，成了"扶不起的阿斗"。

而魏武帝曹操生了至少 32 个子女，所以，他的儿子中有才华横溢的曹植。唐太宗李世民更厉害，一共生了 35 个子女。明太祖朱元璋有 44 个孩子，唐玄宗李隆基有 59 个孩子，宋徽宗赵佶有 80 个孩子，一个比一个能生。

清朝的"康乾盛世"是个典型的例子。

康熙皇帝有 30 多个儿子，活下来 24 个。这个数量已经相当多了，其中一定有优秀的。果不其然，其中有 9 个人脱颖而出，于是就有了"九子夺嫡"。最后，康熙皇帝传位给第四个儿子胤禛，也就是后来的雍正皇帝。

雍正皇帝是一位"日夜忧勤，毫无土木、声色之娱"的皇帝，但也有 28 个老婆，一共生了 10 个儿子。很不幸，其中 6 个夭折了。最后，雍正皇帝也把皇位传给了自己的第四个儿子——弘历，也就是乾隆皇帝。康雍乾三代皇帝，虽然无法改变每个儿子的智商这个"基础成功率"，但是他们通过增加"尝试次数"的方式，多生儿子，择优而立，从而提高了"整体成功率",从某种角度来说造就了历史上著名的"康乾盛世"。

你现在明白了,皇帝有三千后宫佳丽,并不一定或至少不完全是因为荒淫无度。这个制度的背后,还有数学的底层逻辑——创业成功公式,这个底层逻辑能帮助像"帝国"这样的特殊创业公司完成转型和传承。

微信打败米聊,源于"赛马机制"

现在已经没有皇帝了,还需要学习数学吗?

当然需要。不但需要,还更需要了。

我举个例子。

2010 年,刚刚成立的小米公司还没有开始造手机,他们造了一款聊天软件,叫米聊。如果你没有用过米聊,你可以看看你的微信,米聊和今天的微信非常像。或者应该反过来说,微信和曾经的米聊非常像。我们今天用的微信其实比米聊晚了 3 个月才发布第一版。

为什么最擅长做社交软件的腾讯居然比刚刚成立的小米更晚发布新的社交软件?

这恰恰是因为腾讯最擅长做社交软件,它觉得自己已经有 QQ 了,不再需要另一款和 QQ 很像的社交软件,即使新的社交软件有些不同,即使新的社交软件能实现按着屏幕发语音。

米聊发布后，获得了非常积极的市场反应。一种危机意识开始在腾讯内部蔓延，很多人觉得："不行，我们一定要做。"但是，米聊已经有了先发优势，腾讯该怎么办？

现在，我们再来看一下"创业成功公式"：

$$整体成功率 = 100\% - (100\% - 基础成功率)^{尝试次数}$$

这个公式里只有两个变量：一是基础成功率，二是尝试次数。

米聊已经有了先发优势，所以腾讯的基础成功率可能并不比小米高。那怎么办？必须想办法增加尝试次数。

于是，腾讯安排了三个团队同时做微信：QQ 团队、成都的一个团队，以及在广州负责邮箱业务的张小龙团队。

所有人都很自然地认为，QQ 团队是最应该把这件事做成的。但是，万一这个团队不行呢？那么，整个腾讯的未来就会输在这个"万一"上。

马化腾在后来的一次演讲中说："坦白讲，微信这个产品如果不是出在腾讯，不是自己打自己，而是出在另外一个公司，我们可能现在根本就挡不住。回过头来看，生死关头其实就是一两个月。"

最后的结果，我们都知道了：张小龙团队赢了，不，应该说是腾讯赢了。这三个团队的基础成功率可能都不高，但是马化腾用三个团队一起做的方式增加了尝试次数，从而提高了腾讯的整体成功率。

所以，最厉害的不是张小龙，而是马化腾。张小龙是一匹千里马，而马化腾经营的是马场。这就是腾讯著名的"赛马机制"。

马化腾说："我们当时很紧张，腾讯内部有三个团队同时在做，都叫微信，谁赢了就上谁的。最后，广州做邮箱出身的团队赢了，成都的团队很失望，就差一个月。"

就差一个月。如果腾讯没有成功，今天大家见面可能就不是说"加个微信吧"，而是说"加个米聊吧"。

但是，你认真想一想，腾讯"赛马机制"的基本逻辑是什么？是"多生儿子，择优而立"。这和康乾盛世的逻辑是一模一样的。自"多生儿子，择优而立"成就了微信之后，腾讯又开启了一轮新的盛世。

不管是曾经的康乾盛世，还是今天的腾讯转型，其持续成功的背后，都有同一个数学公式作为底层逻辑。

被"妖魔化"的数学，其实有趣又有用

回到最开始：一个创业者、管理者或者企业家，为什么要学习数学？

因为数学是用来描述万物本质的语言。只有从数学上理

解了一件事情，才真正地从本质上理解了这件事情。而只有从本质上理解了创业这件事，你的"解题思路"才能源源不断、喷薄而出。

我打算通过这本书帮助作为创业者、管理者、企业家的你，好好利用数学语言理解商业的本质，从而破解万般商业难题。

但是，很多创业者特别害怕数学，即使数学是通往底层逻辑之门的最后那把钥匙。为什么？因为他们被数学伤害过。

自从中学老师开始讲三角函数 sin 和 cos 的那一天起，在很多人的心中，数学书就变成了"天书"。数学老师的面目也变得严肃甚至可憎起来，因为他不断地要求大家死记硬背各种完全不懂的公式，做一些完全不知道有什么现实意义的证明题。

学习时"昏昏"，做题时怎么可能"昭昭"？很多人的头脑，被抽象的糨糊塞满。于是，我身边有很多同学在填报大学志愿时唯一的标准就是"这个专业不学数学"。

数学，在一些人眼中是最美的东西，在另一些人眼中却变成了魔鬼。这真是一件非常可惜的事情。

我本科读的就是数学专业，我可以很负责任地说，数学一点都不难。如果你觉得难，一定是因为你的学习方式有问题。而且，数学非常有用。每一个数学逻辑，都能解决无数现实问题。

有趣的进制

所有的数学，都是为了解决问题。比如，10 进制、12 进制、60 进制，甚至 20 进制。

请问：为什么人类会普遍采用 10 进制来计数？

假设我们都生活在古代，我家没吃的了，你好心给了我几个果子，我非常感恩，于是用小本本记下来，下次加倍还给你。对了，古代没有小本本，那怎么办？那就结绳记事（在绳子上打一个结就代表一个果子），或者刀刻计数（在石头上划一道刀痕就代表一个果子），或者捡石头计数（一个小石子就代表一个果子）。

计数，是人类最基本的商业需求。但是，绳子太稀缺，刀痕带不走，石子容易丢，怎么办？全人类都不约而同地望向了自己的双手。用手指头啊！一个果子，按下一根手指头。又一个果子，再按下一根。手指头是上天赐予人类的、最早的、可以随身携带的计算器。

但是，一个人只有 10 根手指头，第 11 个果子怎么计数？于是，古人发明了一个天才的计数工具——进位。10 根手指头用完了，进一位，然后再按一轮。在进位的加持之下，手指头可以无穷无尽地用下去。这就是 10 进制的来源。

可能有人会说："这也太简单了吧。谁不知道 10 进制是从 10 根手指头来的呢?"

那我再问一个问题:为什么 10 进制如此自然,但有些场合我们却用 12 进制呢?

比如天上的十二星座、我们的十二生肖。我是 1976 年出生的,属龙。有一次,我遇到一个 2000 年出生的实习生,我对他说:"我比你大两'轮'。"一轮,其实就是一次进位。我们为什么会以 12 年而不是 10 年为一"轮"呢?

这个问题的答案,还是在你的手上。

人类一只手有 5 根手指。拇指的作用是配合其他 4 根手指头完成抓握。拇指有 2 个指节,而除了拇指之外,其他 4 根手指都有 3 个指节。现在,请你用你一只手的拇指,指向同一只手食指最下面的指节,说"1"。接着,往上移动一个指节,说"2"。再往上移动一个指节,说"3"。然后,换到中指最下面的指节,说"4"……如此把 4 根手指的所有指节都数一遍,是多少? 对,是 12。

这就是 12 进制的来源。一部分人用数手指头的方法计数,另一部分人用数指节的方法计数。于是这世界既有了 10 进制,也有了 12 进制。

而且,如果你刚刚真的跟着我一起做了,有一种什么感觉? 是不是有"掐指一算"的感觉?

天啊! 原来电影里那些看上去神神道道的"掐指一算",

就是在用 12 进制计数啊！很有趣，是吗？

据说，最早使用 12 进制的是苏美尔人。苏美尔人用 12 进制调整了历法，所以，今天我们在天文学领域会看到很多 12 进制的用法。

我再问一个问题：除了 10 进制、12 进制，为什么人类还有 60 进制呢？

比如钟表，1 分钟是 60 秒，1 小时是 60 分钟。再比如我们常说的一甲子是 60 年。这又是为什么呢？为什么 1 分钟不是 10 秒、1 小时不是 10 分钟呢？为什么一甲子不是 100 年呢？

现在，我需要你的两只手了。

你先伸出右手，逐次按下去 5 根手指，这是 1，2，3，4，5。然后，左手拇指指向食指第一个指节，表示进位。接着，右手再逐次按下去 5 根手指。又是一轮 1，2，3，4，5。然后，左手拇指再进位。这样，左手一共能进多少位呢？12 位。所以，两只手联动，就能计数 $5 \times 12 = 60$。你看看钟表的表盘，是不是逢五进一，一共进了 12 次呢？

天啊！原来 60 进制也是聪明的人类充分利用手指而发明的啊。很有趣，是吗？

60 进制有很多优点，比如，因为有多个质因子（2，3，5），所以可以以多种形式分割（2 份 × 30 个、3 份 × 20 个、4 份 × 15 个、5 份 × 12 个、6 份 × 10 个），因此广泛用于计时和角度计算。

原来如此。

现在，我想请你想想：人类不仅有 10 根手指，还有 10 个脚趾，会不会有某些地方的人类发明 20 进制呢？

还真有。古代玛雅人的计数法使用的就是 20 进制。数数时，手脚并用。

10 进制、12 进制、60 进制、20 进制……如果你的小学老师是这么教你的，你是不是有可能一辈子都忘不掉了呢？

为什么很多人学不好数学？其中一个原因是不知道学了有什么用。当你知道你所学的数学公式有用时，自然就会把它们应用于真实世界中，甚至过目不忘。

有用的乘法

很多人学不好数学的另一个原因，是不知道为何如此。

我举个例子。

请口算：9 乘以 13 等于多少？ 117 ？没错。

怎么算的？是不是先脱口而出"三九二十七"，然后用 27 加 90，得出 117 ？是的。我也是这么算的。这没错。但是你发现了吗？这么算有个步骤是你绕不过去的，那就是"三九二十七"。

可是，你是怎么知道"三九二十七"的呢？因为你和我一样，小时候都背过九九乘法口诀表（见图 1-2）。我们所有关于乘法的计算，都建立在熟练背诵"九九乘法口诀"的基础上。

一一得一 1×1=1								
一二得二 1×2=2	二二得四 2×2=4							
一三得三 1×3=3	二三得六 2×3=6	三三得九 3×3=9						
一四得四 1×4=4	二四得八 2×4=8	三四十二 3×4=12	四四十六 4×4=16					
一五得五 1×5=5	二五一十 2×5=10	三五十五 3×5=15	四五二十 4×5=20	五五二十五 5×5=25				
一六得六 1×6=6	二六十二 2×6=12	三六十八 3×6=18	四六二十四 4×6=24	五六三十 5×6=30	六六三十六 6×6=36			
一七得七 1×7=7	二七十四 2×7=14	三七二十一 3×7=21	四七二十八 4×7=28	五七三十五 5×7=35	六七四十二 6×7=42	七七四十九 7×7=49		
一八得八 1×8=8	二八十六 2×8=16	三八二十四 3×8=24	四八三十二 4×8=32	五八四十 5×8=40	六八四十八 6×8=48	七八五十六 7×8=56	八八六十四 8×8=64	
一九得九 1×9=9	二九十八 2×9=18	三九二十七 3×9=27	四九三十六 4×9=36	五九四十五 5×9=45	六九五十四 6×9=54	七九六十三 7×9=63	八九七十二 8×9=72	九九八十一 9×9=81

图 1-2　乘法口诀表

但是，你知不知道这个世界上有一些国家是不背"九九乘法口诀"的呢？

你不信？那你问问你周围的俄罗斯朋友，这个"战斗民族"就是不背"九九乘法口诀"的。事实上，全世界靠背诵"九九乘法口诀"来做乘法计算的国家，主要集中在东亚，比如中国、日本、朝鲜、韩国、越南等。而俄罗斯、法国以及其他很多国家，都没有"九九乘法口诀"。

太不可思议了吧？没有"九九乘法口诀"，他们是怎么做乘法计算的呢？他们的乘法五花八门、脑洞大开，但是都是有用的。

比如，俄罗斯农夫是怎么计算 9 乘以 13 的呢？他们会拿出一张纸，把 9 和 13 分别写在第一行的左边和右边，然后，在第二行把 9 翻倍（18），把 13 减半（6.5）。6.5 不是整数，就舍掉小数，只写 6，所以第二行是 18 和 6。同理，第三行把 18 翻倍，把 6 减半，得到 36 和 3。第四行再翻倍和减半，得到 72 和 1.5。1.5，取整数 1，于是第四行是 72 和 1。

听上去有点复杂，但画张图你就明白了，如图 1-3 所示。

俄罗斯农夫怎么计算乘法
9×13=?

9	13
18	6
36	3
72	1

图 1-3　俄罗斯农夫计算乘法的列式

然后，你看看右边这一列，有哪几个是"奇数"？ 13、3、1 都是奇数，那么，把这三个奇数对应的左边的数加在一起，看看是多少？如图 1-4 所示。

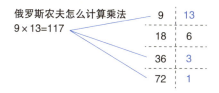

俄罗斯农夫怎么计算乘法
9×13=117

图 1-4　俄罗斯农夫计算乘法的方法

没错，就是 117。

天啊，这也太神奇了吧？就这么不断地左边翻倍、右边减半，最后把其中几行一加，就是正确答案。为什么啊？

在这里我们不讲为什么，只是想告诉你一件事：乘法的计算方式不止一种。这种乘法被称为"俄罗斯农夫乘法"，它的计算效率不如"九九乘法口诀"高，但也是准确且有用的。对数学而言，准确且有用，就是对的。

再比如古埃及人计算 9 乘以 13 的方式，也很有意思。公元前 3000 年，古埃及人用堆石头的方式来计算乘法。他们先在地上堆 13 个石头，然后在右边另放一个做标记。第二行的石头翻倍，标记也翻倍。第三行的石头在第二行的基础之上再翻倍。第四行再翻倍。如图 1-5 所示。

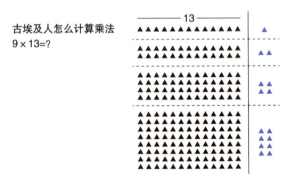

图 1-5　古埃及人计算乘法采用堆石头的方式

现在，我们看看右边用于标记的石头，哪几行加在一起

是 9 个？第一行和第四行。把这两行的石头加在一起数一数，
看看有多少个？没错，117 个。如图 1-6 所示。

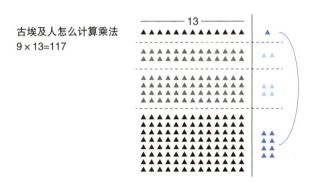

图 1-6　古埃及人计算乘法的过程

天啊，这也太神奇了吧？就这么不断地左边翻倍、右边
翻倍，最后把其中几行一加，就是正确答案。为什么啊？

其实，这个世界上不只有"俄罗斯农夫乘法""古埃及乘
法"，还有"印度乘法""划线乘法"等，都是用来计算乘法
的方式。所有这些计算乘法的方式都是对的，都是准确且有
用的。

但是要论效率，用"九九乘法口诀"计算的效率是其他
乘法计算方式所不及的。

"九九乘法口诀"是中国人在春秋战国时期发明的。秦始
皇统一六国后，"九九乘法表"成了当时的数学教材，里耶秦

简[○]的发现充分证明了这一点。13 世纪,"九九乘法口诀"传入西方国家。但是,汉语里的 1 ~ 9 都是单音节,而英语里的 1 ~ 9(one, two, three…nine)音节却有单有双,所以西方国家的人们很难用英语有韵律地背诵中国的"九九乘法口诀"。俄语就更复杂了。所以,"九九乘法口诀"最终只在以中国为主的东亚地区广泛使用。"九九乘法口诀"这一伟大发明,赋予了几乎所有中国人出色的基础计算能力。

如果你知道你小时候背的"九九乘法口诀"居然这么有用,是不是背起来会更加有兴趣呢?

结　数学不但非常有趣,而且很有用。

语　如果你觉得数学枯燥,而且脱离现实,除了考试之外毫无用处,那么是非常可惜的。你错过了一门连接现象与本质的语言,错过了理解商业世界最底层逻辑的终极方法。

没关系,这就是我要写这本书的原因。

作为数学系毕业的商业顾问,我觉得我有责任让你饱览商业中的数学之美,享受窥探商业最底层逻辑时的恍然大悟。而这需要的可能仅仅是一些非常简单但极其有趣且有用的数学知识。

○　里耶秦简发现于湖南省湘西土家族苗族自治州龙山县里耶镇里耶古城 1 号井,共 36 000 多枚。主要内容是秦洞庭郡迁陵县的档案,包括祠先农简、地名里程简、户籍简等。

我在这本书里所提及的数学知识，都是你学过的。只不过，我会换一种简单而有趣的方式重新讲给你听，教你重新掌握这门数学语言，让你从此在商业世界复杂的现象和纯粹的本质之间自由地穿梭。

下一章，我们先从最简单的一组数学概念——加减乘除开始。

你准备好了吗？

第 2 章

四则运算

数字化最重要的是什么？数字

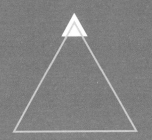

本章我们先从一个最简单的数学概念——数字开始。

最近两年，数字化非常火，很多创业者、管理者、企业家都说要数字化。那么请问，对于数字化来说，最重要的是什么？

最重要的当然是"数字"啊！

如果一家企业的管理层没有足够的数字敏感性，企业内部也没有基于数字进行讨论、分析、决策、考核、奖励的流程，那么花大价钱引入能产生海量数字的数字化系统几乎是毫无用处的。

所以，当有企业家问我"应不应该引入数字化系统""应不应该进行数字化转型"的时候，我通常会问他两个问题：

第一，你会看财务报表吗？

第二，你们公司的员工 Excel 用得怎么样？

所有稍微正规一点的公司，必然有一套"专用数字化系统"和一套"通用数字化系统"。

财务报表是最准确有效的"专用数字化系统"。

财务软件每天积累大量数据，每月产生各种报表。这套数字化系统里的数据、报表，就像体检指标一样，毫不掩饰（也无法掩饰）地揭示出企业的发展势头、机遇挑战、风险雷区。财务数据就是整个公司经营状况的数字化呈现。

你看财务报表吗？如果连这个现成的"专用数字化系统"都不看，那么引入任何新的数字化系统，结局估计都是一样的。

而 Excel 是最简单易用的"通用数字化系统"。

中小企业早期所面临的经营问题，其实并不需要购买专用数字化系统来解决，用 Excel 就能妥善处理。比如 KPI（关键绩效指标）、OKR（目标与关键成果法）、CRM（客户关系管理）、进销存管理、项目管理、员工考核等，都可以用 Excel 来做。如果你已经把几百元的 Excel 用到了极致，还是觉得不够用，那你确实应该考虑买几百万元的数字化系统了。但如果 Excel 都没用好，甚至都没用过，那你买的新数字化系统恐怕一样会束之高阁。

会看财务报表，会用 Excel，体现了一家公司对"数字"最基本的尊重。

基本的尊重？那高级的尊重是什么样的呢？

我给你讲个故事。

这个故事是时任微软中国总裁唐骏讲给我们听的。

唐骏说，他每次去微软西雅图总部做年度述职，都"视死如归"。述职前，团队会在当地预订一家酒吧。如果述职会上扛下来了，他就和高管们去酒吧喝庆祝酒，否则，就和高管们去酒吧喝散伙酒。

为什么？因为给微软当时的全球 CEO 史蒂夫·鲍尔默（Steve Ballmer）汇报工作，是有可能丢饭碗的。

在大会议室里，鲍尔默往办公椅上一坐，一言不发。围坐在他旁边的，是一群微软全球副总裁，有负责法务的，有负责财务的，有负责人事的，还有负责各条业务线的。各个国家分公司的 CEO 一个接一个地汇报一年的工作。

微软的汇报风格是在一页 PPT 上放 16 页 PPT 的内容。一张 PPT 先分为四部分，每一部分再分为四部分，里面塞满文字、图表、数据，密密麻麻。汇报时，巨大的投影机将 PPT 投影到一面更大的墙上。然后，汇报者一页、两页、三页……不断地往下翻，依次进行讲解。

突然，鲍尔默打断了汇报者。他指着 PPT 上一个小小的数字说："这个数字和第三页中的数字为什么不一致？你解释一下。"

汇报者赶紧往回翻到第三页，一看，果然不一致！在场所有人都一身冷汗，如坐针毡，没有人敢发出声音。

"Know your business（懂你的生意）。如果数字错了你都看不出来，你怎么可能懂你的生意？"说着，鲍尔默就喊来旁边的微软全球 HR，当场解雇那名分公司 CEO。

因为他不懂他的生意。

那么，如何才能理解数字，用数字来决策呢？

也许，你需要重新学习小学数学，重新学习"加减乘除"这个最基础的数字计算工具。

人类发明加减乘除，不是用来考试的，而是用来解决问题的。商业世界的加减乘除，更是以解决商业问题为使命。

用乘法合作，用除法竞争

什么是"商业世界的加减乘除"？

为了讲清楚这件事，我画了一张图，如图 2-1 所示。

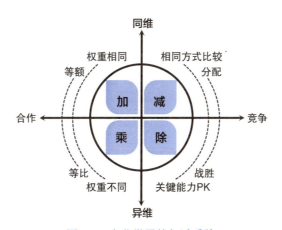

图 2-1　商业世界的加减乘除

绘图：华十二。

这张图的横轴是竞争、合作。

商业世界的生命体是企业。和生物世界的个人一样，企业也需要谋求个体的生存繁衍（竞争），以及群体的共生繁荣

（合作）。有时候企业选择竞争，有时候企业选择合作，但目的都是永续经营。

这张图的纵轴是同维、异维。

合作与竞争可能在同一个维度上，也可能在不同的维度上。10个人都在种地，大家的贡献是在同一个维度（种地）上的。但是，如果有人浇水，有人种地，有人运输，大家的贡献就在不同的维度上了。

为什么要理解竞争合作、同维异维？因为理解了这两件事情，你就能理解什么是"商业世界的加减乘除"了。

加法：同维合作

商业世界的加法，是同维合作（图 2-1 中左上角的象限）。

你看过 4×100 米接力赛吗？如果看过，你是否想过：同样是多人协作的比赛，4×100 米接力赛和足球赛有什么差别？

差别很多。其中最核心的是，4×100 米接力赛虽然名字中带有乘法符号"×"，但本质上是"加法比赛"。4×100 米接力赛的最终成绩，是 4 名选手各自成绩的简单加总（虽然有一定的协作）。每名选手用同样的方式、同样的权重，为整体成绩做贡献。

这种个体用同样的方式、同样的权重为整体做贡献的方法，就是加法。

商业世界中，加法无处不在。

你是怎么安排销售员工作的？安排 10 个销售员，让每个人都独立地发展客户，各自"打粮食"回家？如果是这样，你是在用"加法"管理公司。每个销售员都用同样的方式、同样的权重，为公司的整体业绩做贡献。

但是有的公司不是这么做的，比如贝壳找房。贝壳找房用乘法来管理公司。

乘法：异维合作

商业世界的乘法，是异维合作（图 2-1 中左下角的象限）。

在房产中介行业，大部分公司是每个房产中介顾问独立作战。但是，在贝壳找房眼里，这种散兵游勇式的加法管理，是做不了大事的。为什么不试试乘法？

贝壳找房把房产中介顾问的工作分为 10 个角色：

- ▶ 房源方 5 个：房源录入人、房源维护人、房源实勘人、委托备件人、房源钥匙人
- ▶ 客源方 5 个：客源推荐人、客源成交人、客源合作人、客源首看人、交易或金融顾问

他们有各不相同的分工，任何一个人都不能独立地完成全部销售工作，需要彼此协作才能完成一单。他们对这一单的贡献维度各不一样（10 个维度），权重也不一样。这就是异维合作，这就是商业世界的乘法。

回到足球比赛，前锋、中场、后卫、守门员这 4 个角色，从不同的维度、按不同权重对进球做出贡献。足球比赛就是一种典型的异维合作，每个球员的贡献之间是乘法关系。

有人说，中国人擅长小球（乒乓球、羽毛球），不太擅长大球（足球、篮球），其实，这种说法本身也许就是一种误导。小球、大球，不是本质，只是现象。

所谓"小球"，基本都是单人比赛，至多是双人比赛，因此，对异维合作的要求很少，获胜主要靠加法。而所谓"大球"，每队至少是 5 人（篮球），甚至是 11 人（足球），在这样的比赛中，只能用乘法来组织战术。

也许，我们真正的问题是太擅长用加法来管理团队，一味地把优秀的个人聚在一起，却没有学会如何用乘法来管理团队，如何在有效的分工之下达成精诚合作，实现共同利益。

商业世界里的优秀算法，大都是乘法。

比如，我在多本书里反复提到的"销售万能公式"：

销售＝流量 × 转化率 × 客单价 × 复购率

假设 4 个销售员每人贡献 100 万元个人业绩，总业绩是 400 万元。如果第一个销售员的业绩翻倍了，多贡献了 100 万元，那么，总业绩也会翻倍吗？不会。总业绩只会"加上"这 100 万元，变成 500 万元。

假设 4 个销售员分别负责流量、转化率、客单价、复购率，一共产生业绩 400 万元。如果负责流量的销售员因为采用了创造性的方法使得流量翻倍了，那总业绩会怎么样？总业绩会"乘"2，翻倍，变成 800 万元。

在加法公式里，每个单元对整体的贡献都是"等额"的贡献。在乘法公式里，每个单元对整体的贡献都是"等比"的贡献。这就是加法和乘法的区别。

有意思。

那什么是商业世界的减法呢？

减法：同维竞争

商业世界的减法，是同维竞争（图 2-1 中右上角的象限）。

锅里一共有 10 个馒头，分给 10 个人，每人 1 个。我贪心一点，吃了 2 个，那肯定有一个人没得吃。大家用同样的方式，分配同样的资源，这就是同维竞争。

所有"分蛋糕"的问题，本质上都是同维竞争，也就是减法问题。

市场份额总共 100%，若两人分，你多占了 20%，我就少了 20%。用一个公式表示，就是：

$$100\% - 公司\,A\,的份额 - 公司\,B\,的份额 -$$
$$公司\,C\,的份额 - \cdots = 空白市场$$

公司 A、B、C……之间就是同维竞争。它们的市场策略，就是做减法。

在公司内部，也是一样。所有分预算问题，本质上也都是同维竞争，或者说是减法问题。

比如，公司定下来今年的市场预算是 2000 万元，让每个产品线报一下自己的预算是多少，产品线 A、B、C……都觉得自己很重要，拼命抢，最后总预算将近 2 亿元。老板让他们减一减，每条产品线的负责人都愁眉苦脸，振振有词地说不能减，减了就做不下去了。老板很痛苦。

为什么会这样？因为每条产品线的竞争对手，是同维的其他产品线。这就是减法思维。

那怎么办呢？

试试用除法。

除法：异维竞争

商业世界的除法，是异维竞争（图 2-1 中右下角的象限）。

每条产品线都想抢预算？可以。但是，请不要和其他产品线抢，试着和你的"营收"抢。

预算（支出）和营收（收入），是不同维度的数字。不要让支出和支出竞争，要让支出和收入竞争。怎么竞争？

算 ROI。

ROI 就是 "Return On Investment"（投资回报率），其中，"Return" 是营收（收入），"Investment" 是预算（支出），而

"On"就是除法。用除法公式表示就是：

$$ROI = 营收（收入）/ 预算（支出）$$

所有产品线都可以来要预算，但是，这笔预算的年度 ROI 必须大于 2，否则扣奖金。各条产品线先算算自己的 ROI 是多少，然后再决定申请多少预算。

这时，每条产品线的竞争对手不再是其他产品线，而是自己的营收能力。如果大家报上来的总预算还是 2 亿元，你可能会笑着去借钱，因为这说明每条产品线都认为自己有能力打败营收能力这个强大的对手，而不是打败其他部门的同事。

这就是异维竞争，这就是商业世界的除法。除法的核心，是把两个关键经营数字分别放在分子、分母上，要求一个必须战胜另一个。

这就是商业世界的加减乘除。

每个公司都有大量的数字，每个数字都有它独特的价值，而商业世界的加减乘除，是从这些数字中开采出"矿藏"的最基本手段。

你学会了吗？

没学会？好吧，没关系。我用一家公司的财务报表来让你看看"加减乘除"这个数学工具应该怎么用。

会加减乘除，看懂财务报表并不难

当我们说财务报表时，一般指的是资产负债表、利润表、现金流量表。

市面上有很多书教大家从财务的角度看财务报表，如果你学过，印象最深的可能是有很多公式。很多持证的财务专业人士都会为这些公式而头疼。

为什么？因为财务的底层逻辑是数学。大家对数学的恐惧，很自然地迁移到了财务上。

但是，如果你理解了加法的本质是同维合作，减法的本质是同维竞争，乘法的本质是异维合作，除法的本质是异维竞争，再看财务报表时就会发现，其实这些公式根本不用背，它们都是那么理所当然，那么简单。

只要你稍微懂一点数学，就能"know your business"。

加法：资产负债表

先从资产负债表讲起。

常见的资产负债表如表 2-1 所示。

表 2-1　×× 公司资产负债表（示例）　（单位：元）

资产	年初数	期末数	负债及所有者权益	年初数	期末数
流动资产：			流动负债：		
货币资金	49 790.00	53 190.00	短期负债	9 000.00	9 000.00
应收账款	15 000.00	15 000.00	应付账款	8 500.00	10 500.00

（续）

资产	年初数	期末数	负债及所有者权益	年初数	期末数
坏账准备	2 500.00	2 500.00	应交税费	5 250.00	5 250.00
应收账款净额	12 500.00	12 500.00			
存货	5 460.00	1 540.00			
流动资产合计	67 750.00	67 230.00	流动负债合计	22 750.00	24 750.00
固定资产：			所有者权益：		
固定资产原值	12 500.00	22 500.00	实收资本	50 000.00	50 000.00
累计折旧	7 500.00	7 500.00	盈余公积		
固定资产净值	5 000.00	15 000.00	未分配利润	0.00	7 480.00
固定资产合计	5 000.00	15 000.00	所有者权益合计	50 000.00	57 480.00
资产总计	72 750.00	82 230.00	负债及所有者权益总计	72 750.00	82 230.00

第一次看资产负债表的人看到这张表，很可能会感到一阵眩晕：天啊，这一行行的数字，都是什么"鬼"？怎么统计出来的？这张表看上去高度抽象，真的能反映出我们的经营状况吗？我怎么依靠它制定经营策略……一阵眩晕，逐渐变成一脸疑惑。

你有这些疑惑，很正常。

很多人会教你资产负债表的"财务逻辑"，却没人教你资产负债表的"数学逻辑"。理解了"财务逻辑"，你也许能学会怎么"看"这张表。但是，只有理解了"数学逻辑"，你才会恍然大悟，明白这张表的发明者当初为什么如此设计，明白应该如何用它来指导经营。

试着用我在上一节说的数学逻辑里的加法去理解资产负

债表，也许你就会豁然开朗。

什么意思？

纯讲财务，过于枯燥。而且教你学会财务知识，也不是我写这本书的目的，我的目的是提升你使用数学语言的能力，帮助你用这种能力看透商业现象背后的本质。所以，在这里我们不讲道理，只讲故事。

张三很想创业，一直在寻找机会。终于有一天，他有了一个让自己激动不已的创业想法，他感觉太"赞"了，于是，立即辞职，开始创业。

可是，创业需要办公室，需要招人，需要购买原材料。没有这些，公司就无从经营。这些员工、原材料就是"资产"。而"利润"，从某种意义上来说，就是资产的收益，或者换句话说，是资产下的"蛋"。

但是，创业所必需的资产是从哪里来的呢？用钱"换"来的。办公室是花钱租的，员工是花钱招的，原材料是花钱进的……所以，你必须有钱。

钱又是从哪里来的呢？张三和老婆商量："我们家不是有500万元存款吗？给我拿去创业吧，我一定能成功。等我赚了5000万元，我给你们买大房子，让你和孩子过上好日子。"老婆被张三说动了，就把500万元存款拿出来给张三，张三用这笔钱注册了公司。这500万元一开始是完全属于张三这个股东的，这就是"股东权益"。

但是，500 万元不够，还差 200 万元怎么办呢？借！

找父母借，找同学借，找同事借……最终，张三凭过去几十年积累的信用借到 200 万元。张三告诉他们："你们的信任，我张三记住了。明年这个时候，我一定会连本带利地还给你们。"张三借来的这 200 万元就是"负债"。

我试着用经营的语言，而不是财务的语言，来解释一下资产负债表这个最基础的"加法表"。

有了钱之后，张三开始租办公室，进原材料，招员工，做研发。这 200 万元的负债和 500 万元的股东权益加在一起，逐渐变为公司的资产。这个过程用一个公式来表示就是：

资产＝负债＋股东权益

这个公式，是一个折叠版的资产负债表。在这个公式中，债主和股东是同维合作关系，他们的钱"加"在一起，支持张三创业。只不过他们的支持都是有代价的——债主要利息，股东要利润。

然后，张三开始经营自己的创业公司。所谓"经营"，就是展开这张资产负债表。

一开始，700 万元全是现金资产。开始经营后，张三会把这些钱花掉。花在哪里呢？张三可能主要花在三个地方：固定资产、存货和应收账款。

固定资产，指的是投资建的厂房、买的办公设备等。存货，指的是公司从上游进的原材料，以及加工完未销售的成品。而应收账款是什么？是公司应该收回却没有收回的款项。比如，公司给客户发了货，但是客户说："货我先收着，我看看东西有没有问题。如果没有问题，钱，我一个月后打给你。"这笔钱就属于应收账款。

除此之外，可能还会有没花完的钱，这些钱以现金的形式存在账上。

于是，张三公司的资产就展开成了一个加法公式：

$$资产 = 现金 + 存货 + 应收账款 + 固定资产$$

在经营过程中，张三慢慢发现，这四个展开项中，有两个循环：

一是增值循环。张三把现金变为存货，把存货变为应收账款，把应收账款变回现金，这个循环是增值循环。他发现，自己的创业公司之所以能挣钱，正是因为这个循环的存在。

二是贬值循环。张三购入的固定资产在不断地贬值，但在贬值的同时，它又不断推动着增值循环的转动。

张三突然明白，所谓经营，就是有策略地把资产分配在现金、存货、应收账款、固定资产这四个展开项上，让它们彼此之间进行最有效的配合，使增值循环远远大于贬值循环，从而赚钱。差值越大，循环越快，越赚钱。

张三醍醐灌顶，开始不断地推动自己的"双循环"，终于有一天，"双循环"的差值为正了。他大喜过望，迅速加大投入，以放大收益，然后再加大，继续加大……很快，钱不够了。

怎么办？继续借。可是，找谁借呢？

张三把折叠版资产负债表里的"负债"这一项展开，发现里面其实包括三项：预收账款、应付账款和借款。

预收账款指的是公司还没有交付产品或服务就先向下游客户预收的款。从财务上看，预收账款的本质是向客户"借款"。理发店、健身房的会员卡都属于此类。

应付账款指的是公司拿了上游供应链的货，说先打个欠条，以后再付。从财务上看，应付账款的本质是向供应商"借款"。给账期、打白条、开商业承兑汇票都属于此类。

借款就是向亲戚朋友以及银行等金融机构借钱。各种抵押贷款、保理业务都属于此类。

于是，张三公司的负债也展开为一个加法公式：

$$向客户借 \quad 向供应商借 \quad 向银行等借$$
$$负债 = 预收账款 + 应付账款 + 借款$$

原来，资产负债表里的"负债"这个大项也是可以展开的，上游（应付款项）、下游（预收款项）、银行等（借款）都能借钱。当然，向它们借钱，也是要付出代价的：上游要订单，下游要折扣，银行等要利息。

于是，张三把能借的钱都借了一圈，公司发展蒸蒸日上。但是，很快钱又不够了。借钱的速度跟不上花钱的速度，但这一阶段，扩大规模又非常重要，怎么办？

那就试着展开资产负债表里的"股东权益"吧。股东权益展开后，还是一个加法公式：

$$股东权益 = 自己权益 + 投资人权益$$

式中，"自己"就是张三。虽然张三出了钱，但主要身份是创业者，是出力的人。而投资人就是各种股权投资机构。他们可能也会给资源、出主意，但主要身份是投资人，是出钱的人。

作为股东，投资人是要承担经营风险的。正因为承担了风险，所以投资人对回报的要求更高——他们要的不是本金的利息，而是公司的利润。

拿不拿投资人的投资呢？

张三想了想，虽然要切一块给别人，但只要把"饼"做大，自己留下的部分还是要比以前多得多。于是，张三决定接受投资。随即，他把所有的负债和股东权益全部投入到均衡的资产分配里，不断推动"双循环"，把公司越做越大，越做越赚钱。最后，债主、投资人还有张三自己，都获得了各自应得的收益。张三终于给老婆、孩子换了大房子。

张三的故事讲完了。

现在你明白什么是资产负债表了吗？用数学逻辑里的加法来理解资产负债表，其实非常简单。资产负债表，有折叠版和展开版。

折叠版的资产负债表是一个三项的加法公式：

$$资产 = 负债 + 股东权益$$

展开版的资产负债表也是一个加法公式，但是有九项：

$$资产（现金 + 存货 + 应收账款 + 固定资产）= 负债（预收账款 +$$
$$应付账款 + 借款）+ 股东权益（自己权益 + 投资人权益）$$

而所谓经营，就是把折叠版资产负债表有策略地展开，如图 2-2 所示。

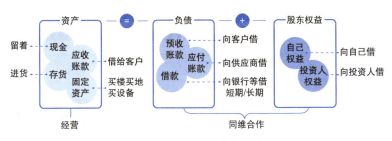

图 2-2　展开版资产负债表

这就是资产负债表背后的数学逻辑。

以后再遇到资产负债表，你知道怎么看了吗？先看看你向 3 个债主借了多少钱，再看看你向 2 个股东融了多少钱，再看看这些钱在 4 个资产篮子里的分配策略是否高效。

是不是很好理解，而且有趣？

那么，利润表呢？

要看懂利润表，就要用到数学逻辑里的减法了。

减法：利润表

常见的利润表如表 2-2 所示。

表 2-2　×× 公司利润表（示例）　　　（单位：元）

项目	2019 年半年度	2018 年半年度
一、营业总收入	22 873 881 060.49	22 443 649 645.38
其中：营业收入	22 873 881 060.49	22 443 649 645.38
利息收入		
已赚保费		
手续费及佣金收入		
减：营业成本	17 734 794 983.26	17 606 313 906.06
利息支出		
手续费及佣金支出		
退保金		
赔付支出净额		
提取保险责任准备金净额		
保单红利支出		
分保费用		
税金及附加	104 903 609.26	123 886 778.10
销售费用	1 740 856 172.29	1 581 449 021.58

（续）

项目	2019 年半年度	2018 年半年度
管理费用	367 975 946.52	340 854 486.67
研发费用	1 821 786 839.80	1 581 245 111.34
财务费用	77 263 090.28	114 102 744.78
其中：利息费用	97 411 628.57	68 855 762.82
利息收入	75 005 073.35	45 231 406.80
加：其他收益	525 246 713.95	446 135 106.42
投资收益	3 130 494.54	67 390 186.91
其中：对联营企业和合营企业的投资收益	−4 604 306.97	−7 850 945.51
以摊余成本计量的金融资产终止确认收益		
汇兑收益		
净敞口套期收益		
公允价值变动收益	108 343 858.24	27 670 977.31
信用减值损失	−6 880 287.37	
资产减值损失	−18 737 625.89	−169 373 379.08
资产处置收益	639 146.68	71.46
二、营业利润	1 638 042 719.23	1 467 620 559.87
加：营业外收入	29 204 855.65	17 448 897.97
减：营业外支出	6 175 797.91	503 505.87
三、利润总额	1 661 071 776.97	1 484 565 951.97
减：所得税费用	254 169 238.45	193 407 237.84
四、净利润	1 406 902 538.52	1 291 158 714.13

这张利润表是不是看起来也挺让人头晕的？

如果你理解了这张利润表背后的数学逻辑，也许就不会头晕了。

我还是先给大家讲个故事。

看到张三创业成功，李四心痒难耐，也决定创业。他设计了一款扫地机器人，然后开模，进各种原材料（芯片、塑料、铝材等），找代工厂生产。经过计算，制造这款扫地机器人的直接成本为平均每台 1500 元。那卖多少钱一台呢？结合竞争对手的定价策略，李四给这款扫地机器人的定价是每台 2000 元。

请问：李四公司每台扫地机器人的利润是多少呢？

在这个案例中，每台扫地机器人的毛利是：2000 元（收入）− 1500 元（直接成本）= 500 元（毛利）。这里面有个减法公式：

收入 − 直接成本 = 毛利

为什么是毛利？因为还没有减去办公室租赁费、管理层工资、银行利息、税费等各项费用。把这些"间接费用"扣掉后，才能得到净利。扣掉间接费用之前的利润都叫毛利，即毛估的利润。李四公司每台扫地机器人的毛利为 500 元。

"收入 − 直接成本 = 毛利"是一个减法公式，因此，直接成本和毛利是同维竞争关系，直接成本会"想尽一切办法"，壮大自己，打压毛利，如图 2-3 所示。

图 2-3　直接成本与毛利是同维竞争关系

　　2020 年，新冠肺炎疫情突然来袭。经过一系列连锁反应后，芯片价格大涨。芯片是扫地机器人的核心零部件，因此，每台扫地机器人的直接成本随之上涨，从 1500 元飙升到 1900 元。李四公司每台扫地机器人的毛利下降到微薄的 100 元，毛利率只有 5%。

　　这么微薄的毛利，连付租金都不够，怎么办？

　　李四想涨价。他先进行了一轮小规模测试，谁知道，刚一涨价，客户就立刻去买竞争对手的产品了，李四公司的销量出现断崖式下跌。李四赶紧叫停测试。然后，他去找供应商："你的芯片给某大厂没有涨价，为什么要给我涨价啊？现在我要活不下去了，你给我便宜点吧。"供应商说："大厂我得罪不起，为了长期合作，咬着牙亏本为他们供货。但是你的量小，我真不能便宜了。"

　　收入上不去（由市场决定），直接成本也下不去（由供应商决定），李四发现，自己能赚多少钱，完全不由自己决定，只能随"风"飘荡。一旦遇到市场波动，就会举步维

艰。原来，自己的公司不是一家有"根"、有市场竞争力的
公司。

什么是有市场竞争力的公司？就是你的产品涨价了，消
费者还是会买；你要求供应商降价，他们不得不从；你的毛
利比同行高。

所以，看利润表的第一个核心目的是看毛利（率）。如果
你的毛利（率）低于同行，而这不是你有意为之的短期战术、
长期战略，你就要万分警惕了，要反思：是品牌价值不够
吗？是产品品质不行吗？是成本控制不力吗？

你要想尽一切办法提高毛利（率），提高毛利（率）就是提
高市场竞争力。有了市场竞争力，你才会有这样的底气："我
就是卖得比你们贵，我就是比你们赚钱。"

李四头悬梁，锥刺股，鞠躬尽瘁，没日没夜地研发，终
于研发出一款极具市场竞争力的产品，并且申请了专利。这
款产品的直接成本同样是 1900 元，但他把售价定为 3800 元，
毛利率高达 50%。尽管如此，这款产品依然销售火爆，一机
难求。

李四非常高兴：这下子终于赚钱了，终于可以和张三显
摆去了。

但是，到了年底，一查账，李四发现，公司依然几乎没
有利润。他把财务叫过来，问这是怎么回事。财务说："过
去一年，我们在办公室装修上花了好多钱，在差旅上花了好

多钱，我们雇用了大量总监、副总裁、高级副总裁、常务高级副总裁。把这些间接费用从毛利里扣掉后，就不剩什么净利了。"

这里面有第二个减法公式：

毛利 － 间接费用 ＝ 净利

在这个公式里，净利和间接费用是同维竞争关系。间接费用"想尽一切办法"，壮大自己，打压净利，如图 2-4 所示。

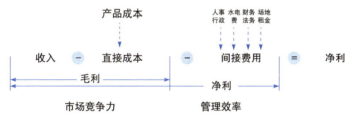

图 2-4　净利和间接费用是同维竞争关系

李四终于意识到，自己犯了所有创业者都可能犯的错误：只注重排场，不讲求效率，花钱如流水。

那怎么办呢？

只有一个办法：提高管理效率。李四痛定思痛，把 40 个副总裁削减到 4 个，把每个员工一间的豪华办公室换成大开间的工位，并且大力推广网络会议，严格限制异地出差，还设立流程优化中心，不断削减各种不必要的开支。

终于，在公司毛利率 50% 的情况下，实现净利率达到

35%。李四创业大获成功。

李四的故事讲完了。

现在你明白什么是利润表了吗？用数学逻辑里的减法来理解利润表，的确非常简单。利润表其实包括两个部分：

$$收入 - 直接成本 = 毛利$$
$$毛利 - 间接费用 = 净利$$

所谓有市场竞争力，就是毛利高；所谓管理有效率，就是净利高。

我们把两个减法公式合并，就是：

$$收入 - 直接成本 - 间接费用 = 净利$$

这就是利润表背后的数学逻辑。

以后再遇到利润表，你知道怎么看了吗？先看看毛利（率）是多少，判断自己的市场竞争力水平，再看看净利（率）是多少，判断自己的管理效率水平。

原来加法和减法，这么有用、有趣。那乘法对分析公司的财务报表，也这么有用吗？

当然。不是"有用"，而是"非常有用"。

乘法：净资产收益率

讲数学逻辑里的乘法之前，我们先看一个重要的财务概念：净资产收益率（Return On Equity，ROE）。

1988 年前后，巴菲特重仓买入约 10 亿美元的可口可乐股票，1994 年又增持约 3 亿美元，累计投资约 13 亿美元。可口可乐当然是好公司，但是进行这么大笔的投资，巴菲特的决策依据是什么？

巴菲特的决策依据就是净资产收益率。这个指标是巴菲特投资时最看重的一个指标，他称之为"全能指标"。

往前看 10 年，从 1978 到 1988 年，可口可乐公司的净资产收益率基本保持在 20% 以上，而且在这 10 年间呈基本稳定的增长态势。于是，巴菲特决定大举买进。

果然，之后的 10 年，巴菲特从可口可乐公司赚了 120 亿美元。

那么，到底什么是净资产收益率？它为什么这么有用？

我们可以用一个公式来表示：

$$净资产收益率 = \frac{净利润}{净资产} \times 100\%$$

我举个例子。王五创业，开了一家艺术品公司。他自己投到这家公司的钱，加上张三、李四投资的，一共是 1 亿元。这 1 亿元就是王五公司的净资产。王五还向银行借了 1 亿元，公司的总资产由此变成了 2 亿元，1 亿元是股东的，1 亿元是借来的。

王五用这 2 亿元苦心经营公司，市场竞争力、管理效率都越来越高。去年，公司赚了 2000 万元净利润。

那么，这家公司的净资产收益率是多少呢？是 2000 万元 / 2 亿元 × 100% = 10% 吗？不。净资产收益率是：2000 万元 / 1 亿元 × 100% = 20%。

从银行借来的 1 亿元，是"便宜"的钱，付利息就好了。净利润 2000 万元，已经扣除利息了，这些钱完全属于股东。对股东来说，投 1 亿元，一年能真金白银地赚 2000 万元，这比存银行划算太多了。大家很高兴，就把这笔钱分了。如果第二年利润增长到 3000 万元呢？那净资产收益率就变成了 30%。王五真是太能赚钱了，于是，越来越多的投资人追着给王五投钱，王五的公司因此变得非常值钱。

王五做梦都想自己的公司值钱。他知道值钱的秘密就是分析并且提高自己公司的净资产收益率。

可是，怎么分析呢？

杜邦公司说："我有个大胆的想法。"传统的净资产收益率公式是这样的：

$$净资产收益率 = \frac{净利润}{净资产} \times 100\%$$

但如果用数学逻辑里的乘法对它做个变换，在等式的分子、分母上同时乘以销售收入，再同时乘以总资产，就会得到一个全新的公式：

$$净资产收益率 = \frac{净利润}{销售收入} \times \frac{销售收入}{总资产} \times \frac{总资产}{净资产} \times 100\%$$

这个全新的公式和原来的公式完全等价，但是产生了三个具有重大意义的指标，分别是销售净利率（净利润 / 销售收入）、资产周转率（销售收入 / 总资产）、权益乘数（总资产 / 净资产）。

乘法公式中的各个要素是异维合作的关系，每个指标对整体结果都是"等比"的贡献。销售净利率提升 20%（另两个指标不变），净资产收益率就能提升 20%；资产周转率提升 1 倍，净资产收益率也会提升 1 倍；权益乘数再提升 50%，净资产收益率还能提升 50%。

这就是乘法的魅力。

这让王五大喜过望："太好了。我只需要让团队分别专注于这三个指标就好了。"乘法会自动地帮助他们协作，彼此加持。

那怎么提高销售净利率呢？提升"能力"。

你用 80 元的总成本（包括直接成本和间接费用），做出价值 100 元的产品，那么，你的销售净利率就是 20%。

但是，如果你能用 80 元的总成本（包括直接成本和间接费用），做出价值 200 元的产品，那你的销售净利率就是 60%。

20% 的销售净利率和 60% 的销售净利率之间的差异，就是能力的差异。

靠能力赚钱的典型公司是苹果和华为，这样的公司有底气说："我的产品就是好，就是卖得贵，就是能赚钱。"

于是，王五重金雇用了业内最好的产品经理，还买了很多专利技术，把产品打磨到极度稀缺，以提高销售净利率。

那怎么提高资产周转率呢？提升"速度"。

一个艺术马克杯，成本为 80 元，卖 100 元。由于销售团队没有管理好库存和渠道，用了一年这个杯子才卖出去。这一年，你只赚了 20 元。

同一个艺术马克杯，成本也是 80 元，也卖 100 元，由另一个销售团队负责销售，由于库存管理好、渠道特别通畅，仅用了一个月就卖掉了。收回钱之后，产品团队又做了一个艺术马克杯，又用一个月卖掉了。结果，这样的艺术马克杯一年卖了 12 次。那么，一共赚了多少钱呢？ 20 元 × 12 = 240 元。

同样的马克杯，资产周转率慢，一年只赚 20 元。资产周转率快，一年能赚 240 元。这中间的差异，就是速度。

靠速度赚钱的典型公司是著名连锁大卖场 Costco（开市客）。零售业的平均库存周转是 40 ～ 60 天，但是 Costco 生生将其缩短为 29.5 天。一种商品，其他超市一年卖 6 次，它一年能卖 12 次，所以它更赚钱。天下武功，唯快不破。

于是，王五把资产周转率加入销售副总裁的考核指标里，并要求整个团队提效、提效、提效，以提高资产周转率。

那怎么提高权益乘数呢？提升"风险"。

我有 1 亿元，然后借 1 亿元，我用 2 亿元周转，我的权益乘数就是 2。

我有 1 亿元，然后借 9 亿元，我用 10 亿元周转，我的权益乘数就是 10。

王五想：我用 2 亿元周转，还完利息，净利润能有 2000 万元，那我用 10 亿元周转，用同样的能力和速度来运作，还完利息后的净利润不就有可能达到 1 亿元了吗？我自己掏的钱只有 1 亿元，用 1 亿元赚 1 亿元，我的净资产收益率不就达到 100% 了吗？

权益乘数放大了赚钱能力。同样，如果你亏钱，权益乘数也会放大你的亏钱能力。

靠风险赚钱的典型公司是房地产公司。拍下地，拿去银行抵押，借到第一笔钱。开发到一定阶段，然后预售，又拿到一笔钱。不断加杠杆，以小博大。这为房地产公司带来了收益，但也带来了风险。

左思右想后，王五把权益乘数从 2 提到了 3，稍微加一点杠杆。因为风险加大，他决定自己抓。

能力、速度、风险，王五在这三个乘法单元上分别加注。第二年，他获得了比第一年更大的盈利。

那么你呢？

你是打算靠能力赚钱，靠速度赚钱，靠风险赚钱，还是用乘法让这三者相互加持，一起发力？

这就是杜邦分析法。杜邦分析法一点都不难，只要你掌握了一定的数学语言，就能理解：从本质上来说，杜邦分析法是运用乘法法则把一个宏观的大问题拆成三个可操作性很强的微观的小问题，然后逐个击破。只要你懂得这一点，就抓到了杜邦分析法的精髓。

学会用数学语言，学会用乘法法则，你看很多分析工具都会觉得原来如此有趣，而且有用。

那么，除法呢？

除法：运营能力、偿债能力与盈利能力

除法是用来给企业做"体检"的重要办法。

还记得展开版的资产负债表吗？

我们说过，看资产负债表就是先看看你向 3 个债主借了多少钱，再看看你向 2 个股东融了多少钱，再看看这些钱在 4 个资产篮子里的分配策略是否高效。

但是，怎么看？如何给公司做"体检"，看分配策略是否高效呢？

这时，你就需要数学逻辑里的除法了。除法表示具有异维竞争特性，非常适合用于给企业做"体检"。

一家公司的能力可以简单分为三种：运营能力、偿债能力和盈利能力。这三种能力分别对应资产负债表里的资产、负债和股东权益。如图 2-5 所示。

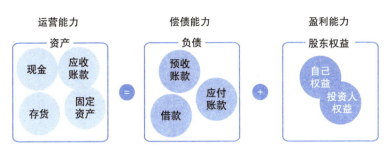

图 2-5　公司三种能力与资产负债表的对应关系

1.运营能力

运营能力是公司有效运作资产的能力。存货周转得快不快，客户欠款多不多，资金流转是否高效，体现的都是公司的运营能力。

怎么衡量运营能力呢？

这时，我们需要找到两个高度相关但维度不同的指标，让它们进行"异维竞争"。

比如，衡量存货周转得快不快，可以从财务报表里找出两个指标来，让它们之间"竞争"。第一个指标，我们可以选存货平均余额，这个指标很重要，表示公司仓库里的货占用了多少资金。第二个指标，我们可以选销售成本（不算利润的货值）。我们一定要让销售成本远远战胜存货平均余额。

于是，我们定义一个公式：

$$存货周转次数 = 销售成本 / 存货平均余额$$

假设我的仓库里常年有 50 万元价值的库存，我一年卖出去不含利润的货值 200 万元，那么，我的库存周转次数就是 200 万元 /50 万元 = 4。

4 次这个水平怎么样？如果只是行业平均水平，那不行。我们要加把劲，一定要让销售成本"战胜"存货平均余额的能力达到 5 倍，甚至 6 倍！这才能体现我们出色的运营能力。

对运营能力的衡量，我们可以通过以下几对指标的"竞争"来进行：

存货周转次数 = 销售成本 / 存货平均余额

应收账款周转次数 = 销售收入 / 应收账款平均余额

流动资产周转次数 = 销售收入 / 流动资产平均余额

总资产周转次数 = 销售收入 / 总资产平均余额

对于这些"竞争对手"，我就不一一解释了。你可以思考一下为什么这些除法公式对运营能力很重要。

2. 偿债能力

偿债能力就是有一天债主突然要你还钱，你能不能偿还的能力。

什么是债务？预收账款、应付账款、借款都是债务。因为这些债务都是随时产生、随时归还的，所以我们将其统称为"流动负债"。

那我们能拿什么去还流动负债呢？

拿现金、应收账款、存货。从左到右，难度越来越大。

用现金还债是最直接、最简单的。用应收账款还债，可以把凭证拿到保理机构打折变现，然后还债，比用现金还债麻烦一些。用存货还债是最难的，因为找到正好需要且正好有现金的人很难。但如果真的着急了，跳楼价大甩卖，存货也是能换些钱的。

如果现金就够还债了，说明公司的"现金比率"很高。用除法公式表示是：

$$现金比率 = 现金 / 流动负债$$

如果要抵押应收账款才能还债，说明公司的"速动比率"不错。用除法公式表示是：

$$速动比率 = （现金 + 应收账款）/ 流动负债$$

如果必须甩卖存货才能还债，说明公司的"流动比率"够用。用除法公式表示是：

$$流动比率 = （现金 + 应收账款 + 存货）/ 流动负债$$

请问，在偿债时，你是打算用现金"打败"所有流动负债呢？还是让现金、应收账款、存货一起上，"打群架"呢？这体现了公司偿债能力的不同。

偿债能力至少包括以下几对"竞争对手"。

短期偿债能力：

$$现金比率 = 现金类资产 / 流动负债$$

$$速动比率 = 速动资产 / 流动负债$$

$$流动比率 = 流动资产 / 流动负债$$

长期偿债能力：

$$资产负债率 = 总负债额 / 资产总额$$

$$利息保障倍数 = (税前利润 + 利息支出) / 利息支出$$

$$权益乘数 = 资产 / 所有者权益$$

3. 盈利能力

盈利能力就是股东出 1 元钱，公司一年能帮他挣多少钱。这也是用除法。

净资产收益率是衡量盈利能力的"全能公式"。我们可以从以下几个角度衡量一家公司的盈利能力，比如：

$$净资产收益率 = 净利润 / 净资产平均余额$$

$$总资产收益率 = 净利润 / 总资产平均余额$$

$$每股收益 = 净利润 / 股数$$

$$市盈率 = 每股市价 / 每股收益$$

加减乘除，如此简单的数学逻辑，用在观察和分析一家公司的经营情况上竟然如同透视一样。这就是数学的魅力。

为了让你更易于理解，我们用一张图来展示用加减乘除分析财务报表的全过程，如图 2-6 所示。

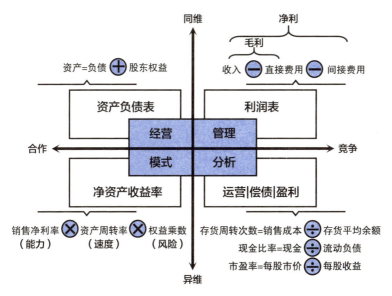

图 2-6　用加减乘除分析财务报表

绘图：华十二。

结语 现在我们来总结一下，要想实现数字化，首先要建立对数字的敏感度。

我们在创业过程中，每天都面临大量的数字，如客户的购买数量、产品的销量、畅销的款式数量、App 下载量、日活用户、私域的转介绍数量、内容点赞次数等。这些数字里面蕴含着巨大的宝藏。

而挖掘这些宝藏最基本的工具就是加减乘除。正如俗话所说，"学霸两支笔，差生文具多"。你不需要太多炫目的数字化工具，在很多情况下，加减乘除就够用了。你需要的是练好基本功。

这一章，我和你一起重新理解了数字和基于数字的加减乘除对商业世界的意义，并用财务报表进行了一轮实战。

下一章，我们将从小学数学进入中学数学领域，聊一聊解析几何对商业的重大意义。

第 3 章

笛卡尔坐标系

思考维度越多，理解商业越深

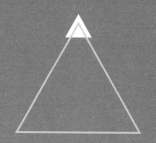

17 世纪的一天，勒内先生卧病在床。像勒内这样的人，在家是闲不住的。他躺在床上，还是一直琢磨着工作上的事。

我特别理解他。

写下这段话的时候，是勒内离世 370 多年后的某一天，也是我因为新冠肺炎疫情居家办公的第三周。之前落下的工作都处理完了，该交代同事的事都交代完了，以前答应别人的电话也都打完了……可是还不能去办公室上班，怎么办？我琢磨着把以前的一些思考写下来，于是，就有了这本书。

但是，勒内琢磨的事比我大多了。

他琢磨的事情是：几何很直观，代数很抽象，我能不能用几何的方式来描述代数？我能不能用"点"来表示"数"，用"线条"来表示"计算"呢？

突然，他看到屋顶上有一只蜘蛛，拉着丝垂了下来，过了一会儿，蜘蛛又爬上去，左右拉丝。蜘蛛的移动有时是上下方向的，有时是前后方向的，有时是左右方向的。

勒内先生仿佛被闪电击中一般恍然大悟：如果以墙角为原点，并且把蜘蛛看作一个点，那么，它在这个立体空间中运动的每一个位置，都可以用从墙角这个起点出发做的一系列上下、前后、左右运动的距离来表示。把这三个方向的运动距离记录下来，不就可以准确地描述"数"，描绘蜘蛛所在的"点"了吗？比如，蜘蛛向右运动了 7 个单位，向前运动了 4 个单位，向上运动了 3 个单位，那么，蜘蛛的位置就是相对于墙角的（7，4，3）这个位置，如图 3-1 所示。

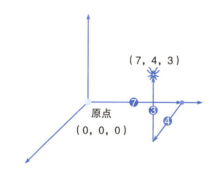

图 3-1　蜘蛛的位置可以用坐标系来表示

于是，躺在床上的勒内创建了我们沿用至今的"直角坐标系"（又称笛卡尔坐标系），并创造了用代数方法来研究几何问题的数学分支——解析几何。

这位勒内先生的全名是勒内·笛卡尔（René Descartes）。是的，就是那个说"我思故我在"的著名法国哲学家、数学家、物理学家笛卡尔。

说些题外话。

闭关在家，敏锐的观察力不仅激发了笛卡尔的灵感，还激发了牛顿、莎士比亚、达·芬奇的创造力。

1665 年，英国伦敦爆发鼠疫，这场流行性大瘟疫最终造成四分之一的英国人死亡。牛顿就读的剑桥大学三一学院也因此被关闭，22 岁的他回到家乡伍尔索普庄园"闭关"。生活在 17 世纪的牛顿，没有手机，没有网络，他憋在家里，能干什么呢？他发展了现代微积分，他酝酿着万有引力定律，他研究着白光通过三棱镜产生的七彩变化。两年之后，牛顿回到剑桥大学，发表了大量论文，只用了半年就成为三一学院院士，两年后又成为教授。之后，他正式提出了著名的万有引力定律。

而莎士比亚更惨，他一生经历过很多瘟疫。他所在的伦敦环球剧场，一遇到瘟疫就被关闭。据记载，这个剧场 60% 的时间是无法演出的。这段时间，莎士比亚就用来潜心创作。《李尔王》《马克白》[⊖]与《安东尼与克丽奥佩特拉》这三大悲剧，据说都是在这期间完成的。

15 世纪的意大利也曾鼠疫泛滥，米兰城三分之一的人口都死于这场瘟疫。当时，达·芬奇正在为大公卢多维科·斯福尔札做事，他看着米兰城在瘟疫肆虐下的惨状，开始构想统合地下水道与运河、城市往高处垂直发展、开辟行人专用道等城市规划，并创作了大量手绘图。这些手绘图给后人带来了巨大的启发，从 400 年后巴黎的城市建设中就能看到达·芬奇手绘稿的影子。

　㊀　又译作《麦克白》。

所以，还是史蒂芬·柯维（Stephen Covey）说得好，"把注意力放在那些你能影响的事情上"。

扯远了。回到笛卡尔，回到直角坐标系，回到解析几何。

那么，解析几何对我们理解商业世界、对创业有什么帮助呢？

帮助很大。

升维思考，让复杂的商业难题迎刃而解

笛卡尔坐标系（直角坐标系）到底了不起在哪里？了不起在它创建了一个重要的思维工具——维度。

有了前后、左右、上下三个维度后，我们混沌的思考就能被结构化地拆分为三个方向，分别进行研究，然后再叠加起来深度思考。我将这个过程称为"升维思考"。

我举个例子。

该招态度好的还是能力强的员工

总有人问我这样一个问题："润总，我应该招什么样的员工？态度好的还是能力强的？"

这个问题很难回答。笛卡尔时代之前，人们总是把高维问题降到一维后再提问，这个问题用的就是这样的问法。

我用一张图来表示，如图 3-2 所示。

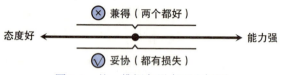

图 3-2　从一维视角思考用人问题

绘图：华十二。

一维就是一条直线，假设这条线的左端是"态度好"，右端是"能力强"，那么认为要么左，要么右，不可兼得，这就是一维视角。

有人会说：不对吧？这条线的中间，不就表示"兼得"吗？

不是，中间不是表示"兼得"，而是"妥协"，是用能力差一点换态度好一点，两方面都有损失，但都"不太坏"。

但是，你是否想过：态度和能力是一个维度上的吗？态度本身就是一个维度，这个维度的一端是"态度好"，另一端是"态度差"；而能力是另外一个维度，这个维度的一端是"能力强"，另一端是"能力弱"。

态度和能力是不应该放在一条线上"二选一"的，它们是两个维度。

如果笛卡尔听到这个问题，他可能会给你画一个二维直角坐标系，教你从二维视角来思考问题，如图 3-3 所示。

这个二维直角坐标系用横轴（能力）和纵轴（态度），把可选的员工分成了四个象限。

▶ 第一象限：明星。能力强，态度也好。

▶ 第二象限：小白兔。能力弱，但态度好。

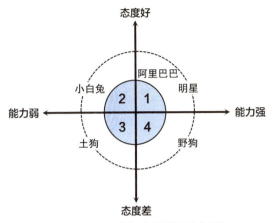

图 3-3　从二维视角思考用人问题

绘图：华十二。

- ▶ 第三象限：土狗。能力弱，态度也差。
- ▶ 第四象限：野狗。能力强，但态度差。

如果你能像笛卡尔一样升维思考，就会发现，原来这个世界上不仅有能力强、态度差的"野狗"和态度好、能力弱的"小白兔"，还有两者都好的"明星"，以及两者都不行的"土狗"。

"明星""小白兔""土狗""野狗"是阿里巴巴的员工分类，这是一种典型的二维视角。当你升级到二维视角，你就可以像阿里巴巴一样思考了。

其实，不仅阿里巴巴，很多优秀的企业以及企业家在看问题时用的都至少是二维视角，比如蒙牛创始人牛根生。牛根生在央视节目《赢在中国》中讲过这么一段话："有德有才，破格重用；有德无才，培养使用；有才无德，限制录用；

无才无德，坚决不用。"

你看，把一维的问题升级到二维来思考，还原更多场景，就能得出非常有针对性的策略。

阿里巴巴将人才做了分类，牛根生指出了分类人才的任用原则，这两个策略可以放到一张图里，如图 3-4 所示。

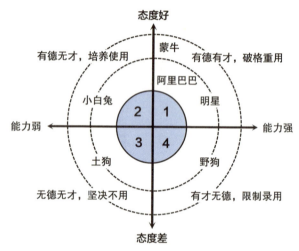

图 3-4　人才二维视角图

绘图：华十二。

这张"人才二维视角图"可解决大部分人才的选育用留问题，笛卡尔看了估计都会点赞。

但是，我们还需要再认真思考一下。牛根生说"有德无才，培养使用"，为什么有德无才的人（即阿里巴巴人才分类法中的"小白兔"）要培养使用呢？"小白兔"值得培养吗？是想把"小白兔"的能力培养好，使其成为"明星"吗？如果是这样，为什么"野狗"不能培养使用呢？把"野狗"的态度调整过来，"野狗"是不是也能培养成"明星"？

这时，我们需要继续升维思考，在态度、能力两个维度的基础上引入第三个维度——可塑性，如图 3-5 所示。

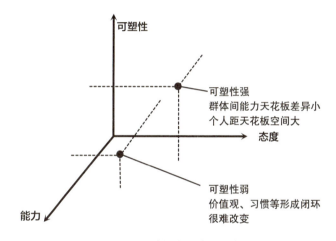

图 3-5　从三维视角思考用人问题

绘图：华十二。

在招募人才时，我们都想招到"明星"，但这样的员工毕竟是稀缺的。我们遇到最多的是"土狗"，其次是"小白兔"，然后是"野狗"。"明星"大部分在大厂的关键岗位上，"挖"不动。

那怎么办？

把"土狗""小白兔""野狗"都培养成"明星"，可能才是可行之路。那么，哪一种员工更容易培养？这就涉及"可塑性"这个维度了。

请问：对于一个人来说，是能力更可塑，还是态度更可塑?

当然是能力。

人与人之间，当下的能力水平也许是有差别的，但是"能力天花板"的差异却不大。而且，大部分人离自己的"天花板"通常还很远，即便是"明星"也是如此。从这个角度来说，一个人只要态度好，能力就是可塑的。

但是态度就不一样了。一个人的价值观、德行、态度是由过去几十年的人生经历塑造的，一旦形成闭环，非常难以改变。除非遇到一些重大的人生变故，否则大部分人会一直固守自己的信仰、价值观、习惯。与能力相比，态度的可塑性较差。

所以，当我们用三维视角看问题时，心中所考虑的不仅是今天的"明星"，更是未来的"明星"。一套完善的员工培养体系就会由此建立起来，它会为公司的发展不断"种植"明星员工，而不是"采集"。

微软有一句话很打动我："We hire attitudes, and train skills."（我们招聘态度好的员工，然后培养他们的能力。）这就是用三维视角看问题后得出的人才策略。

回到最开始的问题："润总，我应该招什么样的员工? 态度好的还是能力强的?"

我可以用微软的这句话来回答他，但是，我又怕误导他。

我怕他有一天会对我说："润总，你骗我，微软其实招了很多能力强的人，招了很多学霸。"我怕他有一天会对我说：
"润总，你骗我，我招了很多态度好的人，但是他们不能'打
仗'，现在公司倒闭了。"

是的。微软之所以成功，是因为微软在二维视角里招了
很多"明星"，同时在三维视角里建立了强大的员工培养体
系，把"小白兔"也训练成了"明星"。

祝你能为今天招到最好的人，为明天招到最值得培养
的人。

你公司的业务赚钱吗

如果你能用笛卡尔坐标系来解析问题，那么当再听到如
下问题时，你可能会有不一样的感触。

- ▶ "我是找个帅的，还是找个对我好的？"
- ▶ "我是要更勤奋地做事，还是更聪明地做事？"
- ▶ "我是要工作，还是要生活？"
- ▶ "我是要赚钱，还是要坚守原则？"

其实，这些都是把二维问题降到一维来进行讨论，很难
产生有意义的结论。

当你用二维视角来看，就会明白：帅和好，不必二选一。
勤奋和聪明，明明可以兼得。工作和生活，一定能够平衡。
谁说要赚钱，就要牺牲原则？

不过，有些降维思考隐藏得很深，不注意的话是很难识别的。而且，这些降维思考会严重影响我们的创业。

比如："你公司的业务赚钱吗？"这个问题应该怎么回答？

A回答："还行吧。我们是做直播电商的，虽然竞争越来越激烈，但还算能赚到点钱。"

B回答："赚钱？现在谁能赚到钱？！经济不好，我一直咬着牙，不断用前几年的积蓄往里贴呢。"

听上去，A赚钱，B不赚钱。

但真是这样吗？

赚钱和不赚钱，看上去确实是同一个维度的问题。但是，如果考虑到大部分公司可能不止一个产品或一种业务，再考虑到时间轴，这个问题就会变得非常复杂。

我们从市场份额和增长潜力这两个维度来对是否赚钱这个问题进行升维思考。

把市场份额作为横轴，增长潜力作为纵轴，这个看似一维的问题马上就会升维成一个二维问题，如图3-6所示。

我们先来解释下图3-6中这四个象限。

▶ 现金牛（Cash Cows）：现金牛业务是指占据很高的市场份额，但增长潜力较低的业务，比如微软的Office产品、谷歌的搜索业务等都是现金牛业务。现金牛业务也是企业的"印钞机"。

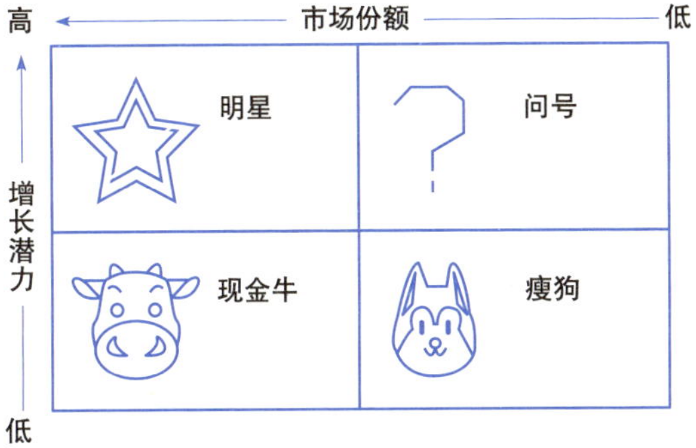

图 3-6　从二维视角看一家公司是否赚钱

▶ 明星（Stars）：光看名字你就能知道，明星业务是很有前景的新兴业务，在快速增长的市场中占据较高的市场份额，比如亚马逊的 AWS 业务。刚进入云计算领域时，亚马逊是不赚钱的，甚至还要进行大量的投入，但是当明星业务成为现金牛业务，亚马逊的盈利就迎来了大爆发。

▶ 问号（Question Marks）：问号业务指的是市场份额不高，但增长潜力较高的业务，比如谷歌的无人驾驶。这类业务之所以被称为问号业务，是因为它们最终会成为明星业务、现金牛业务还是不幸"死"掉，没人知道。

▶ 瘦狗（Dogs）：瘦狗业务就是市场份额很低，也看不到什么增长前景的业务，比如微软的智能手机，食之无味，弃之可惜。

现在，我们回到最开始的问题："你公司的业务赚钱吗？"现在你会怎么回答这个问题？

你可能会说："嗯，我的一部分业务现在很赚钱，很稳定，但不增长了；一部分业务现在不怎么赚钱，但我确定未来一定很赚钱；还有一些业务前景不明朗，我正在加紧投入；也有一些亏钱的业务，我正在考虑收缩。"

这种升维思考的方式，就是著名的"波士顿矩阵"。

波士顿咨询（Boston Consulting）赫赫有名，对企业界有很多贡献，其中最重要的两个贡献是波士顿矩阵和经验曲线。尤其波士顿矩阵，帮助很多创业者利用笛卡尔坐标系站在更高的维度来思考、规划自己的业务。

有人可能会问：我知道自己现在的业务是现金牛业务、明星业务、问号业务或者瘦狗业务了，又能怎样呢？

理解了这四种业务，并且知道自己的业务属于哪种业务，你就能站在高维分析，站在高维规划，并制定"成功的顺序"，如图 3-7 所示。

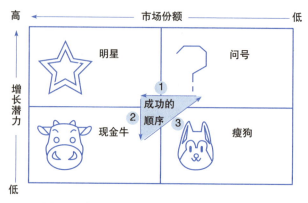

图 3-7　根据波士顿矩阵制定"成功的顺序"

什么是成功的顺序？简单来说，就是三个步骤。

▶ **第一步：创新（问号业务→明星业务）**

创新是指在自己占据市场份额低但是市场潜力高的领域，持续增强问号业务的竞争优势，直到市场份额不断扩大，问号业务最终成为明星业务。

▶ **第二步：增长（明星业务→现金牛业务）**

增长是指继续扩大明星业务的市场份额，增强业务的盈利能力，直到明星业务变成帮公司稳定赚钱的现金牛业务。

▶ **第三步：投入（现金牛业务→问号业务）**

现金牛业务赚的钱，千万不要拿回家买房、炒股，而是要投入到下一个市场份额不高但增长潜力巨大的问号业务中，启动下一个循环。

问号业务→明星业务→现金牛业务→问号业务，这就是成功的顺序。在这个循环中，你有今天赚钱的业务（现金牛业务）、明天赚钱的业务（明星业务）和后天赚钱的业务（问号业务）。

那么，如果后天的问号业务没有被发展成明天的明星业务呢？

那它就变成了瘦狗业务。这时，当断即断，尽可能最大化它最后的收益，然后将其结束。

笛卡尔坐标系不仅仅能给你二维视角、三维视角，使你理解升维思考的价值，还能帮你把商业问题转化为"解析几何题"，从而找到答案。

案例：升维思考，降维执行

有一次，一家做上门维修的平台公司（连接上门维修师傅和有需求的客户）和我探讨应该如何扩大自己的业务，增加自己的盈利。

这家公司的老板说，对于这个问题，他们已经讨论过很多次了。虽然高管们不断涌现出新想法，但他总觉得很零散。他想听听我的想法。

我了解了一下这个行业的情况后，告诉他：这个问题确实有点复杂，要找到答案，需要升维思考。思考这个问题时，一定不能只看到公司赚不赚钱这个"单一"维度，要至少看到三个维度：公司价值、员工价值、客户价值。只有这三个价值都为正的时候，公司的商业模式才能真正成立。这三个价值可以用笛卡尔坐标系来表示，如图 3-8 所示。

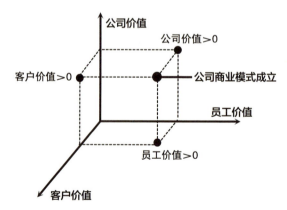

图 3-8　公司价值、员工价值与客户价值的笛卡尔坐标系

绘图：华十二。

公司价值如何才能为正？只要财务上能盈利。

"财务上能盈利"这句话，翻译成数学语言就是：

$$毛利 > 运营成本$$

而毛利又受什么影响？影响毛利的变量太多了，比如工时费、配件费、配件毛利率、其他毛利、员工成本、复购率、流量成本、客户数等，很复杂。这时，数学逻辑就起作用了。

我给他列了一个不等式：

$$\{[(工时费 + 配件费 \times 毛利率) + 其他毛利 - 员工成本] \times$$
$$复购率 - 流量成本\} \times 客户数 > 运营成本$$

只要这个不等式成立，公司价值就为正。

员工价值如何才能为正？只要不比别的地方赚得少。

"不比别的地方赚得少"这句话，翻译成数学语言就是：

$$员工收入 \geq 机会成本$$

什么是机会成本？如果这个员工不做维修，而是做生产线工人、外卖小哥，他能赚多少钱？假设外卖小哥每月能赚6000元，那么，维修师傅的机会成本就是6000元。因为他是放弃了赚6000元的机会来给你打工的，所以他在你这里赚的，不能比6000元少。

那怎样才能让员工收入大于机会成本（比如6000元）

呢？影响员工收入的变量有哪些？有很多，比如工时费、工时费中员工能分的比例、配件利润、配件利润中员工能分的比例、月单数等。

我又给他列了一个不等式：

$$（工时费 × 工时费提成比例 + 配件利润 ×$$
$$配件利润提成比例）× 月单数 ≥ 机会成本$$

只要这个不等式成立，员工价值就为正。

客户价值如何才能为正？只要维修比重新购买来得值。

"比重新购买来得值"这句话，翻译成数学语言就是：

$$维修价值 > 新购价值$$

影响维修价值的变量也有很多，比如，客户会问：是不是维修的钱和买新机的钱很接近？是不是什么配件都没换，只是捣鼓了几下就收了我很多钱？你们是不是比其他维修公司更便宜？这些问题都有可能使其做出不维修的决定。

这次，我给他列了一组不等式：

$$\begin{cases} 工时费 + 配件费 < 对手总价 × 70\% \\ 工时费 + 配件费 < 产品单价 × 30\% \\ 工时费 < 配件费 × 50\% \end{cases}$$

其中，第一个不等式是要体现你相对于竞争对手的优势；

第二个不等式是要体现维修相对于新购的优势；第三个不等式是要解决用户根深蒂固的不愿意为服务买单的心理账户[⊖]问题。

现在，把这三组不等式放在一起，公司价值为正，员工价值为正，客户价值为正，一个商业问题就变成了一道"解析几何题"。

公司：

$$\{[(工时费+配件费 \times 毛利率)+其他毛利-员工成本] \times$$
$$复购率-流量成本\} \times 客户数>运营成本$$

员工：

$$(工时费 \times 工时费提成比例+配件利润 \times$$
$$配件利润提成比例) \times 月单数 \geq 机会成本$$

客户：

$$工时费+配件费<对手总价 \times 70\%$$
$$工时费+配件费<产品单价 \times 30\%$$
$$工时费<配件费 \times 50\%$$

这组不等式，怎么解呢？简单来说，就是让该大的大，

⊖　心理账户（Mental Accounting）是行为经济学中的一个重要概念。简单来说，就是每个人心里都会有几个小账本，什么钱应该花在哪里，分得清清楚楚。由于消费者心理账户的存在，个体在做决策时往往会违背一些简单的经济运算法则，从而做出很多非理性的消费行为。

该小的小，比如工时费该大，配件费该大，员工成本该小，等等。但是，工时费大了，会影响"客户价值"；员工成本小了，会影响"员工价值"。

没关系，我们可以先把该大和该小的各要素标示出来，向上的箭头表示"该大"，向下的箭头表示"该小"。

公司：

$$\{[(工时费\uparrow + 配件费\uparrow \times 毛利率\uparrow) + 其他毛利\uparrow - 员工成本\downarrow] \times 复购率\uparrow - 流量成本\downarrow\} \times 客户数\uparrow > 运营成本\downarrow$$

接下来就简单了，大家坐下来讨论该怎么大、该怎么小。如果把前面的抽象过程叫"升维思考"，那下面的还原过程可以叫"降维执行"——降到每一个单一维度上，讨论如何执行，如表 3-1 所示。

表 3-1 上门维修平台公司的降维执行（示例）

工时费	改变心理账户？拆分上门费？手机？大家电？快修？谁是你的客户？高净值人群（谁花钱）？办公室维修（省什么）？
配件费	空调？地暖？
毛利率	智能家电？手机换屏？
其他毛利	换新购？手机贴膜？净水器配件？其他耗材？
员工成本	提高修理单位时间效率？社区维修？
复购率	"快剪"模式？加微信好友？贴售后贴纸？全家安全检测？
流量成本	抖音？品牌商保修期内如何引流？品牌商保修期外如何引流？
客户数	裂变？多张洗空调券？维修好发朋友圈？
运营成本	实现规模化运营？

以工时费为例，如何提高工时费？

改变心理账户？现在不少人愿意在宠物（猫、狗）身上花的钱比愿意在自己身上花的都多，宠物去医院打个针都要3000元。那么，这家公司开发一些维修宠物家具、宠物用品的业务，工时费或许就可以提高一些。

修一些贵的东西？5000元的空调收500元维修费，是可以接受的，但是100元的煮蛋器收500元维修费，就是"抢钱"了（不满足"工时费 + 配件费 < 产品单价 × 30%"这个不等式）。

针对年轻人？修电饭煲、冰箱，通常是父母在家接待，而修手机，客户通常都是年轻人，他们更愿意为服务付费。对这家公司来说，根据人群重新规划服务品类，也是一条可行的道路。

主攻办公室维修业务？家里的路由器坏了，说三天后来修，你可能会忍一忍，但是办公室的路由器坏了，100个人没法干活，你恨不得下一秒就修好，维修费再高都行。如果这家公司主攻办公室维修业务，或许工时费也可以提高很多。

…………

通过这样的讨论，你可以找到一堆提升业绩的好办法。更重要的是，你知道这个办法是在哪个维度对业绩做出贡献的，以及由于受到各种因素（员工、客户等）的制约，这份贡献的极限在哪里。

你看，一旦降到单一维度来讨论，大家就不会那么聚焦了，还能想出各种创新的主意。

这就是理解了笛卡尔坐标系之后用"解析几何"来解决商业问题的方式。

不过，笛卡尔坐标系对我们理解商业世界所带来的启发，远远不止如此。

五维思考，让你站得更高、看得更远

如果你能理解思考问题的维度有高低，并且不断尝试升维思考，你的深度思考能力一定会有质的跃升。

那么，怎么训练自己的升维思考能力呢？

现在，我们终于可以讲"五维思考"了。

遇到问题时，有的人很快就能想明白，有的人需要很久才能想明白，还有的人始终都想不明白。而且，那些很快就能想明白的人，发现不管自己怎么努力，都很难帮到那些始终想不明白的人。

为什么？

因为他们看问题的维度不一样。

高维的人，很容易就能理解低维的人；而低维的人，可能永远没办法理解高维的人。

这与你的出身无关，与你的财富多少无关，甚至与你的教育程度无关，只与你一路走来养成的思考习惯有关。

思考问题，确实有维度高低之分。在商业世界，我们看待同一件事情，有零维到五维六个视角，如图 3-9 所示。

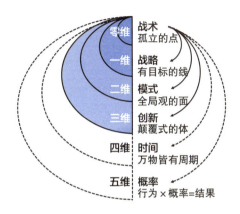

图 3-9　零维到五维思考模式

绘图：华十二。

我们一个一个来讲。

零维（战术维）：把当下做到极致，美好自然呈现

零维，在几何学上就是一个点。

点，是孤立的，是与外在世界隔绝的。守着这一点，你将无处可去，也无处可退；你不知道机遇在哪里，也不知道风险会不会来，你只能守在这里。

守在这里干什么呢？每天都在研究战术（Tactic）问题：天上掉粮食，怎么才能多收一些？外面来敌人，怎么才能打败对手？

美国洛杉矶警方有个特殊的组织，叫作特殊武器与战术小队（Special Weapons And Tactics，SWAT）。这支战术小队特别厉害，解决过很多重大案件和公共危机。2003 年有一部电影叫作 *SWAT*，讲的就是这支战术小队的故事。

但是，你有没有觉得奇怪：为什么这么厉害的一个组织会叫"战术小队"？

在传统中文语义里，"战术"这个词是带有一点贬义的。一般人都不喜欢被别人称为"战术高手"，正如电视剧《天道》中所说："有道无术，术尚可求；有术无道，止于术。"在古代，儒生、道教之士、方士、法术之士等被称为"术士"，"术士"前面如果加上了"江湖"二字，就基本等于骗子了。

那么，为什么美国人似乎并不在乎"战术小队"这个称呼，甚至引以为豪呢？

这是因为，按照现代经济学的基本逻辑，分工带来了效率。分工，才能专注；专注，才能精益求精。所以，在现代商业社会，在每一个具体分工上把自己的"战术"训练到天下无敌的人，都会备受尊重。

对这支战术小队来说也是如此：我为什么要成为战略大师？只要能把制服恐怖分子的"战术"训练到极致，在这个具体分工上我就是成功的。那我就好好研究格斗术，好好研究武器，好好研究小团队作战。

在今天的语境下，战术高手不再被称为"术士"，而是有了一个新名字——匠人。

特别精通煮饭的，是煮饭匠人；特别精通剪纸的，是剪纸匠人；特别会做木工的，是木工匠人；特别会写代码的，是代码匠人；特别精通流量的，是流量匠人；特别会为店铺选址的，是选址匠人；特别会写文案的，是文案匠人；特别会做衣服的，是裁缝匠人……

分工越细，需要的匠人就越多，每个匠人都在一个点上闪闪发光。

所以，如何获得成功？

做一个匠人，一辈子只做一件事，并且把这件事做精。只要把当下做到极致，美好自然就会呈现。

一个完美的世界，应该让每一个匠人都获得他们应得的丰厚回报。但是，这个世界并不完美，因为它一直在变。虽然你在这个点上闪闪发光，但这个点本身可能正在变得不再重要。

我在短视频平台上曾经看到一段视频：某高速公路收费站，一个36岁的女员工被"优化"了，因为这个收费站即将部署自动收费系统，她大哭着说"我的青春都献给收费站了，要我现在学别的，我也学不会了"。评论区有很多人嘲笑她，也有很多人同情她。

我在电视上也曾经看到过一场劳动技能大赛，一个年轻的银行女职员展示了一项绝技——数钱，其技艺之娴熟令人叹为观止。最终，她获得了冠军。接受采访时，她说："我要把这项绝技传下去。"这项绝技确实闪闪发光，但是，我的钱包里有 500 元现金，已经放了三四年都没动过了。现在用到现金的场合已经越来越少，数钱这个"点"，不管你多么擅长，都已经不再重要了。

这时，死守在任何一个点上，都有可能错失这个时代。

所以，作为一个"点"的你，心中必须要有一条线，然后沿着这条线前进。

一维（战略维）：不要用战术的勤奋掩盖战略的懒惰

一维，在几何学上就是一条直线。线只有长度，没有宽度。

当你意识到你站的这个点其实是在一条线上时，你的视角就已经从零维升到一维了。你恍然大悟：原来这条线上的每个点都是你可以抵达的位置。你要做的就是选择自己真正想立足的点，然后沿着脚下的线，朝着目标，向"前"进，或者向"后"退。

"前"与"后"，是一维世界里仅有的方向。

可是，这条线是怎么来的？它可能是前人踩出的脚印。

上小学的时候，大部分人都知道自己以后会读中学。读中学的时候，很多人会想"我要考一所好大学"。读大学的时候，地上的线出现了分叉，分成了很多条：就业、考研、考公务员、出国、创业等等。你发现每一条线上都有很多脚印，于是一下子蒙了：我要怎么选？

选择的关键在于你要去哪里。如果心中没有远方（心中的那个"点"），那脚下所有的线都可能指向错误的方向。

有些创业者，在 3D 打印火爆的时候做 3D 打印，在 VR（虚拟现实）蓬勃发展的时候转行做 VR，在区块链成为热门话题的时候摇身一变成了区块链专家，而人工智能火了以后，他们又全身心投入人工智能这一行。再后来，元宇宙掀起热潮，他们又回过头来做 VR 了。这就是因为他们心中没有远方，只能从众，最终把自己活成了一个漂泊的"点"。

如果心中有远方（点），下面的问题就变成了战略（线）问题。

假设你心中的远方是征服面前的这座高山，你做梦都想登顶，那么，你该怎么登顶呢？

现在，你面前有两条路。

第一条路是从正面登顶。这条路是一条宽敞的大路，你一边喝着可乐一边悠闲地溜达着就能到达顶峰，很简单。但是因为简单，人非常多，而且路很长。

第二条路是从背面登顶。这条路说是路，其实根本不是路，你需要披荆斩棘，自己开辟出一条路来。而且背面没有阳光，环境很恶劣。但好处是人少，而且路程也短不少。

你会选择从哪条路登顶？

第一条路？可以。但是因为人太多，而且路很长，你需要起得很早，避开人流高峰。

第二条路？可以。但是因为很艰险，而且没有路，你需要有强大的体能，并且能熟练使用攀登工具。

哪条路更好？没有更好，只有更适合。如果你能起早，那就走第一条路；如果你体能好，那就走第二条路。但你一定要想清楚哪条路是最适合你的，因为一旦选错了路，即使你再努力，最后也可能很难到达终点。

零维是战术维，一维是战略维。

站在零维思考的人，是不能理解什么是战略的。当站在一维思考的人试图和站在零维思考的人解释战略时，后者会说："什么战略？那只不过是成功者对自己路径的美化和总结而已。我也成功了，但我从来没有什么战略。我遇到问题解决问题，兵来将挡，水来土掩。创业就是杀出一条血路，杀出那条血路就是我的战略。"

这段话说得荡气回肠，令人钦佩。但是，这段话终究局限在了零维。那些失败者就没有遇到问题解决问题吗？就没有兵来将挡，水来土掩吗？就没有试图杀出一条血路吗？他们中有很多人也曾经努力尝试过、拼搏过，但可惜的是他们不像这位创业者那么幸运。他们的"点"不再重要了，没有远方（目标）和道路（战略），他们只能一边奋战，一边原地下沉。

这就是为什么雷军说"不要用战术的勤奋掩盖战略的懒惰"。

二维（模式维）：商业模式就是利益相关者的交易结构

战略，听上去已经很厉害了，可是，居然还只是一维。那二维是什么？

二维是模式维。

二维，在几何学上就是一个面。面，有长度，有宽度，但是没有高度。

当你在二维世界里思考时，就开始有了"全局观"。

有一次，朋友开车送我去佛山。我们被堵在了路上，他说："你看，战略就像选车道，选错了道，就算你开宝马，也只能眼睁睁地被吉利超过。"这番话说得真好。我说："所以你要有全局观，要升到半空，看清楚前面的路况，然后回到车里选对的车道，这样就算被大车挡路，你也知道接下来终会快起来，不会焦虑。"

如果说战略是一条条车道，那么，全局观就是凌空俯视所有车道的格局。

可是，我们不可能真的凌空俯视所有车道，怎么办呢？买一张地图。

我 1999 年来到上海，2004 年拿到驾照，2005 年买了车和一张上海市区交通地图。这张地图对我来说太重要了，因为我开车时，副驾上的人可以看着地图帮我选择最佳路径：往左，往左，往右，往右；不是，是下个路口往右，这个路口直行。在地图的指引下，我可以更快捷地到达目的地。

地图的意义就是把所有的路径展示给你看，让你根据自己的目的地和偏好（最快、最近或者最省钱）来选择自己的路径。

在商业世界里，商业模式就是把所有一维战略都展示给你看的二维地图。

商业模式有很多定义，但是我最喜欢的，是北大魏炜教授的定义，他说："商业模式就是利益相关者的交易结构。"

所谓利益相关者，是指和企业的经营行为有联系的所有群体和个人，比如股东、员工、客户、供应商、竞争对手、监管部门等。

所谓交易结构，是指这些利益相关者之间的联结关系，是商业价值从一个利益相关者流向另一个利益相关者的通路。

举个例子。在谷歌早期的商业模式中有三个利益相关者——谷歌、雅虎和用户，如图 3-10 所示。

图 3-10　谷歌早期的商业模式

这三者之间的交易结构如下。

▶ **交易结构 1**：用户到雅虎网站上搜索，作为回报，用户把自己的注意力（浏览时间）价值交给雅虎；雅虎获得

了用户的注意力，作为回报，雅虎把搜索结果回馈给
用户。但是，雅虎本身并没有搜索能力，于是，它启
动了"交易结构2"。

▶ **交易结构2**：雅虎将用户的搜索需求发给谷歌，请它代
为在互联网上搜索，作为回报，雅虎给谷歌付服务费；
谷歌收取了雅虎的服务费，作为回报，把搜索结果发
给雅虎。最后，雅虎把结果传递给用户。

这个商业模式运行了很久，其间，谷歌一直赚着服务费。
但是，这个商业模式虽然很稳定，却增长很慢。渐渐地，谷
歌发现，自己被"堵"在了这条路上。

于是，谷歌升到半空，凌空俯视商业模式地图的全局，
如图 3-11 所示。

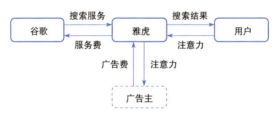

图 3-11　商业模式地图的全局

它发现，远处还有一个利益相关者，藏在雅虎的背后，
那就是广告主。雅虎和广告主之间还有一个"交易结构3"。

▶ **交易结构3**：雅虎把从用户那里获得的注意力用于展

示广告主的广告，广告主获得了产品展示机会，作为回报，广告主给雅虎支付广告费。雅虎收到的广告费比它付给谷歌的服务费要多，因此，雅虎赚到了"差价"。

有了"全局观"，谷歌就开始思考了：我能不能绕开这条拥堵的道路，选择一条直接和广告主、用户合作的近路呢？后来，谷歌发明了著名的"上下文广告"（Contextual Ads）。所谓"上下文广告"，就是用户在搜索"灰尘太大怎么办"时，会看到谷歌推送的吸尘器广告。这样的广告对用户而言更有用，对广告主而言更精准。谷歌用"上下文广告"建立了新的交易结构，如图 3-12 所示。

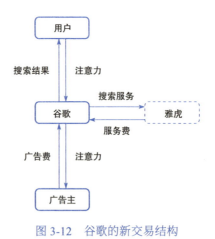

图 3-12　谷歌的新交易结构

谷歌的广告服务推出后，大受欢迎。渐渐地，谷歌从一家后台的技术服务商成长为一家真正的互联网公司。

商业模式就好比一张二维地图，上面展示了所有的一维战略路径，供你做出最优选择。这意味着，不懂商业模式的人，就算是战略高手，也很难制定出真正有效的战略。

三维（创新维）：颠覆式创新让不可能成为可能

零维是战术维，一维是战略维，二维是模式维，那么，三维呢？

三维是创新维。

三维，在几何学上就是一个体。体，有长度，有宽度，也有高度。

我在上海开车时，常常遇到一个问题：车已经开上了高架桥，但导航软件却以为我仍然在地面道路上，温馨地提示我"前方有红绿灯，请右转"。

为什么会这样？

因为地图软件是二维的，而高架桥存在于三维世界。二维的地图无法理解三维的高架桥。

我和极飞科技创始人彭斌认识很早，20 年前我就把他选为"微软最有价值专家"。我们再遇到时，他已经创业了，做无人机。聊起无人机，我说："这东西有意思，它把人类的生活方式从二维带到了三维。"彭斌眼前一亮，说："我就喜欢和你这种人聊天。你说得太对了。"

什么叫"把人类的生活方式从二维带到了三维"？

人类总觉得自己是生活在三维世界里的，但其实在大部分情况下，我们只生活在二维空间。

为什么绝大部分建筑都有高墙，却没有盖子？比如故宫。因为这些建筑不需要盖子。人只会在二维世界里走，不会在三维世界里飞。高墙就能挡住人类，所以不需要盖子。

但是突然有一天，人类可以遥控无人机或者自己借助无人机的力量在天上"飞"了。这时，人类才算真正活在三维世界了。我们在三维世界里飞翔，可以轻易地飞越任何一堵高墙，然后降到二维世界里行走。瞬间，所有高墙都失去了意义。现在人类世界可能还没准备好这一天的来临，因为我们很难想象，给所有建筑物都加上盖子的生活是什么样的。

是什么正在把人类从二维带入三维？是创新，是颠覆式技术。高架桥是通往三维世界的颠覆式创新，无人机也是通往三维世界的颠覆式技术。

商业世界也是一样。一旦有了真正的颠覆式技术，传统商业模式就会被颠覆。

以跨境电商为例。有一次，我去海宁调研，看到一款真皮沙发特别好看，于是向商家问价，商家说 6000 元。我觉得这个价格不贵，于是打算买下来，但商家却说："很抱歉啊，这款沙发不能卖，这批货我们约定好只能出口欧洲。"我觉得有点遗憾，就接着问："那卖到欧洲多少钱呢？"他说："6000

欧元。"

当时，欧元和人民币的汇率是 1∶10，6000 欧元就是 60 000 元人民币。一套在中国生产的 6000 元的沙发，卖给欧洲消费者是 60 000 元，价格足足翻了 10 倍。

为什么？因为挡在中国工厂和欧洲用户之间的"高墙"太高了，很难跨过去。寻遍地图，发现必须绕一条很远的路才能过去。地图上显示，这一路上的利益相关者有采购商、贸易商、分销商、零售商等等。

但是，跨境电商突然出现了。跨境电商就像高架桥一样，从二维世界跃升到三维世界，跨过"高墙"，使商品直达欧洲用户。从此，再也没有人绕那条很远的路。

拿着二维地图的人，是不相信高架桥存在的。他们会说，所有在空中的，都是虚拟经济；只有在地面上的，才是实体经济；虚拟经济很危险，因为它正在摧毁中国的实体经济。

后来，区块链又出现了。区块链简直就是无人机一样的存在，它在三维世界里盘旋，完全不需要二维世界的支点。于是，这引来了更多手持二维地图的人的恐慌和愤怒。

有很多著名企业家也站在这些恐慌和愤怒的人群中。他们为人谦逊，乐善好施，勤俭节约，但是，他们就是不愿意相信手中那张曾经引导他们寻到宝藏的二维地图，在今天已经不再准确了。

用旧地图找不到新大陆。能站在三维视角思考的人，才是真正拥抱创新的人。但是，这很难。昨天越成功，今天就越难突破。

四维（时间维）：原因通常不在结果附近

零维是战术维，一维是战略维，二维是模式维，三维是创新维，那么，四维呢？

四维是时间维。

四维，在笛卡尔坐标系中是无法展示的，需要你动用抽象思维。

桌上有一个苹果，从二维视角，你看到的是它的一个面；从三维视角，你看到的是整个苹果。而从四维视角，你可以沿着一根时间轴，往回"推测"出这个苹果从一粒种子到长成幼苗，到开花结果，到被采摘运进超市，再到被摆在桌上的过程；你甚至还可以沿着这根时间轴，往前"预测"出它未来腐烂、干枯，回到大自然重新变回种子的过程。

沿着时间轴的思考，我们称之为四维思考。四维思考比三维思考要难得多，因为四维思考是纯粹的抽象思考。

我举个例子。我见过很多创业者到华为参观考察，华为非常成功，值得学习。但是我发现，大家听完华为老师的分享后，就用 U 盘拷贝老师电脑上的各种流程、制度、表格，动辄好几个 GB。拷贝完之后，他们特别满足，仿佛把这个 U

盘带回家，自己的公司在不久之后就能变成华为。

每次遇到这样的场景，我都会皱起眉头。华为今天的管理手段，只适合今天的华为。华为像这些创业者的公司那么大时，采用的管理方式肯定不是这样的。如果创业者真的想拷贝资料，也许应该去华为的档案库，把华为 2012 年或者 2002 年甚至 1992 年的管理制度拷贝回家，而不是拷贝 2022 年的。今天华为的成功与辉煌，不在于它今天做了什么，而在于它 10 年前、20 年前甚至 30 年前做了什么。

只有理解了抽象的时间维度的存在，你才会明白：原因通常不在结果附近。

再举个例子。小米 2010 年开始创业，2013 年的营收就达到了 265 亿元，简直是火箭般的速度。无数企业家蜂拥而至，向小米学习"管理秘籍"。雷军说："我们的管理秘籍，就是我们的超级扁平化。"在小米，雷军下面是合伙人，合伙人下面是员工，从上到下只有三级，超级扁平化。

企业家们一听，羞愧难当：在自己的公司里，从员工到主管，到经理，到总监，到部门总经理，到副总裁，到高级副总裁，到常务高级副总裁，到总裁，到轮值 CEO，到 CEO，到副董事长，到常务副董事长，到董事长，足足有十几个层级，太臃肿了。一定要扁平化！

回到公司后，这些企业家就开始将大刀砍向自己的组织架构，不断缩减层级。先是缩减到 8 层，然后缩减到 7 层，再缩减到 6 层……越往后越难缩减，可不管他们怎么努力，就是不能像小米一样缩减到 3 层，为此，他们非常痛苦。几年之后，公司伤筋动骨，却还是没能实现"超级扁平化"。

2019 年，小米公司宣布：小米的组织架构从 3 个层级改为 10 个层级。

这些企业家听到这个消息，可能会一口鲜血吐在屏幕上：为什么啊？这是为什么啊？

这是因为，站在时间的维度来看，2013 年的小米仍然处于创业期，首要任务是试错、增长，而且员工数量不多，所以，小米采用了扁平化的组织架构。但是，2019 年的小米已经进入成熟期，需要规范，需要增加确定性，这时，小米就要向管理要效益了，所以因时制宜地改成了层级管控架构。

那些没有四维思考能力的企业家，让早就处于成熟期的公司采用刚刚创业的小米的管理方式，反而导致公司元气大伤。

所以，研究商业世界，一定要懂得给万物加上时间维。一旦加上时间维，你就会看到隐藏在成败背后的各种周期，比如产品生命周期、企业生命周期、技术发展周期等。万物皆有周期。

五维（概率维）：正确的事情，重复做

零维是战术维，一维是战略维，二维是模式维，三维是

创新维，四维是时间维，那么，五维呢？

五维是概率维。

五维和四维一样，在笛卡尔坐标系中也是无法展示的，你需要动用比四维更多的抽象思维，才能理解五维的商业视角。

这个维度太重要了，但是在这一节我不打算展开，我会在第 6 章对概率进行详细讲解。在这里，我只想给你讲一个故事。

你可能听过一句话："永远都要向有结果的人学习，因为结果不撒谎。"乍一听，这句话很有道理，但真的是这样吗？

其实，这句话并不正确，甚至"有毒"，因为它忽略了一个很重要的维度——概率。

我举个例子。

有 A 和 B 两个瓶子，里面各有两种球（蓝球、灰球）10个。你有一次机会，从其中一个瓶子中取出一个球。如果取出的是蓝球，你可以得到 100 万元奖励。如果取出的是灰球，什么奖励都没有。你会从哪个瓶子里取？

条件太少了？好。多给你一个条件：排在你前面的人，从瓶子 B 中取出了蓝球。那么，你选 A，还是选 B？

现在我们来分析一下排在你前面的人的行为和结果。

▶ 行为：从瓶子 B 中取球。

▸ 结果：得到 100 万元奖励。

还记得前面提到的这句话吗：永远向有结果的人学习，因为结果不会撒谎。

如果这句话是正确的，他获得了好的结果，就学习他的行为，那我们是不是也应该从瓶子 B 中取球？

你现在可能已经意识到不对了：这要看哪个瓶子里的蓝球多吧？

是的。虽然排在你前面的人从瓶子 B 中取出了蓝球，但万一瓶子 A 中的蓝球更多呢？比如图 3-13 中这种情况。

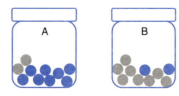

图 3-13　瓶子 A 中的蓝球更多

如图 3-13 所示，瓶子 A 中，10 个球中有 8 个是蓝球，抽中蓝球的概率是 80%；瓶子 B 中，10 个球中有 2 个是蓝球，抽中蓝球的概率是 20%。

现在，你知道了两件事情。

第一，选瓶子 A，有 80% 的概率得 100 万元；选瓶子 B，有 20% 的概率得 100 万元。

第二，排在你前面的人选 B，得了 100 万元。

这时，你是选 A，还是选 B？我猜，大部分人都会选 A。那为什么排在前面的人明明选瓶子 B 抽中了 100 万元，你还是选 A 呢？因为你认为他只是运气好。

运气是带有感情色彩的表述方式，去掉感情色彩，运气就是概率。行为 X，有可能（也有可能不）带来结果 Y，这个可能性就是概率。所以，行为不是必然带来结果的。如果用一个公式来表示，行为与结果之间的关系是这样的：

$$行为 \times 概率 = 结果$$

选 B，有 20% 的概率会选中蓝球。排在你前面的人选了 B，就仿佛上帝掷了一下骰子，正好骰子落在了 20% 的概率区间里，我们说他"运气好"。

虽然排在你前面的这个人得到了"结果"，但我们依然说他选错了，因为"结果"撒谎了——只有 20% 的概率得到"结果"。

结果的正确并不能证明行为的正确。真正的高手，看到运气好的人不会羡慕，而是会坚持做大概率成功的事情。

"永远向有结果的人学习，因为结果不会撒谎"，这句话到底错在哪里？错在它认为确定的行为会带来确定的结果。这当然是错的，甚至是"有毒"的。

真正的高手，都会站在概率维的视角看待万物。

真正的高手，会研究行为，更会研究行为的概率。

结语

这一章，我们从笛卡尔坐标系开始，聊到了"解析几何"，聊到了"五维思考"。

其实，我写这本书的目的，并不是想用大学时虐过我的数学题再虐你一遍。你不需要和我一样做题，我尽量避开了公式和计算，你只需要理解我从这些题中提炼出来的数学语言和数学思维。因为这些语言和思维是现象和本质的连接器，对理解商业世界、指导创业非常有用。

在这一章，我最希望你能获得的思维方式就是升维思考，希望"五维思考"能成为你的思维习惯。

下一章，我们会讲一讲另一个对理解商业世界非常有帮助的概念——指数。

第 4 章

指数和幂

在非线性世界获得成功的秘诀

这一章我要讲的是指数和幂以及它们背后的数学规律，这几乎决定了你在商业世界里能获得多大的成功。

《新约·马太福音》里有这样一段表述："凡有的，还要加给他，叫他有余；凡没有的，连他所有的也要夺去。"这就是著名的马太效应。

天啊，这也太不"仁慈"了吧？少的人，你还要从他身上把所有的都拿走；多的人，你还要额外地给他？这一定会导致穷者愈穷、富者愈富吧？

老子在《道德经》里也表达过与"马太效应"同样的观点："天之道，损有余而补不足。人之道，则不然，损不足以奉有余。"翻译成现代话是：自然的规律，是减少有余的补给不足的；可是社会的法则却不是这样，要减少不足的，来奉献给有余的人。

《道德经》里的说法和《新约·马太福音》里的说法意思完全一样。

我知道，那些相信"一分耕耘一分收获"的人一定无法接受这样的观点。但是，这是社会运作的基本规律之一。

主宰这个世界的基本规律，是符合数学逻辑的物理规律。

它们像是天上的"神"，其中一个"神"主管着商业世界，它就是"指数增长"。《新约·马太福音》和《道德经》里说的"多者更多，少者更少"，就是指数增长的杰作。

指数增长还有一个孪生弟弟叫"幂律分布"。指数增长与幂律分布之间的关系，就像《大话西游》里的紫霞和青霞一样，一体共生。指数增长是原因，幂律分布是结果。

世界不平等实验室（World Inequality Lab，隶属于巴黎经济学院）发布的《2022 年世界不平等报告》显示，富人和穷人之间的财务差距正在日益加大。

20 年前，全球收入最高阶层成员的收入是最低阶层成员的 8.5 倍，如今这一差距飙升至 15 倍。现在，10% 的最富有者拥有全球 75% 的财富，而 50% 的贫穷者所拥有的财富加起来只占 2%。[⊖]

《2022 年世界不平等报告》画了一张全球财富分布图（2021年），如图 4-1 所示。

图 4-1 显示，从左边（穷人）到右边（富人），拥有的财富数量陡峭上升，呈现出幂律分布的特征。

虽然我们想尽一切办法缩小贫富差距，但事实上，贫富差距仍在继续扩大。这背后就是指数增长和幂律分布在发挥作用。看来，我们还需要继续努力。

⊖　范旭，胡艺玲."世界不平等报告"：财富集中越发显著，最富 10% 占全球 75% 财富［EB/OL］.（2021-12-09）. https://baijiahao.baidu.com/s?id=1718672184031940502&wfr=spider&for=pc.

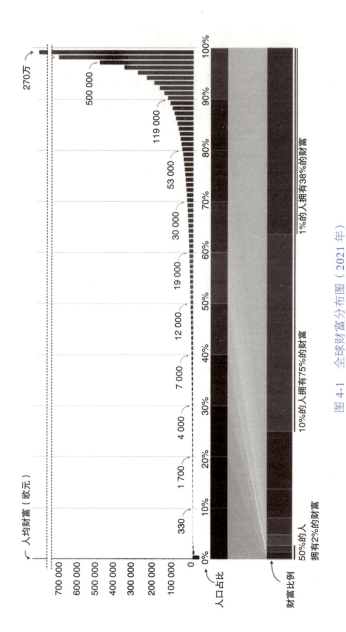

图 4-1 全球财富分布图（2021 年）

资料来源：https://wir2022.wid.world.

可是，为什么会这样？这背后看似极其强大的规律是如何影响商业的？如何才能借助规律而不是与规律对抗？

要想找到这些问题的答案，你需要重新理解中学时学过的"指数"和"幂"。

什么是指数？什么是幂？

我们看一下这个算式：

$$2^3 = 8$$

在这个算式里，3 是"指数"，8 是"幂"，而 2 是"底数"。"几的几次方"这种算法叫"乘方"。

$$底数^{指数} = 幂$$

这很简单，但是，这个你中学时就学过的、这么简单的数学公式，是如何变身指数增长和幂律分布这个一体双生的"神"，塑造并主宰商业这个非线性世界的呢？

我们来深入探究一下。作为创业者，你有必要知道其中的奥妙所在。

指数增长：为什么一分耕耘不能获得一分收获

你可能听说过舍罕王奖励国际象棋发明者的故事。

传说，国际象棋是由古印度聪明的宰相西萨·班·达依尔发明的。达依尔把这个发明进贡给了舍罕王，舍罕王非常喜欢，决定对他进行奖赏，于是问他："你想要什么赏赐？"

达依尔说："陛下，您赏给我一些麦子吧。放满这个棋盘就行。第 1 格放 1 颗，第 2 格放 2 颗，第 3 格放 4 颗，每一格里的数量都比前一格增加一倍。摆满 64 格，我就心满意足了。"

舍罕王大喜，心想：这要求真不过分啊。

你一定猜到结果了：没学过"指数增长"的舍罕王逐渐意识到，整个国家的粮食储备都摆不满棋盘上的 64 格。

那要多少麦子才能摆满这 64 格呢？

答案是：$2^{64} - 1 = 18\ 446\ 744\ 073\ 709\ 551\ 615$（粒）。

如果按照 30 克的千粒重估算，这些麦子总量超过 5000 亿吨。这个数字庞大到难以想象，我说个数字来帮助你理解。2021 年，全球小麦总产量是 7.76 亿吨，创造了人类历史纪录。也就是说，要把达依尔的棋盘放满，按照 2021 年的小麦产量，全人类要不吃不喝种六个多世纪的麦子。

为什么会需要这么多？因为达依尔借助了指数增长的威力。

可是，指数增长为什么会有这么大的威力呢？

前后关联：把昨天的收获连本带利地变成今天的本金

我在第 1 章举了一个关于智商遗传的例子。假如国际象棋棋盘上的第 1 格是我祖父的祖父的祖父……的祖父（我的家族鼻祖）的智商，第 2 格是他儿子的智商，然后依次下去，倒数第 3 格是我爷爷的智商，倒数第 2 格是我父亲的智商，最后 1 格（第 64 格）是我的智商。请问，我的智商和家族鼻祖的智商，会相差 18 446 744 073 709 551 615 倍吗？

当然不会。如果会，我还是人类吗？我早就动身去对付"灭霸"[⊖]了。

事实上，第 64 格（我）的智商和第 1 格（家族鼻祖）的智商差距很小。我可能比他聪明些，但聪明得不多。我也可能远远不如他。

为什么同样是 64 格，差距却这么大？

这是因为，达依尔的"小麦棋盘"上的 64 格之间有从未间断的前后关联，而我们家族"智商棋盘"上的 64 格之间前后几乎毫无关系。下一代的智商落在家族"智商带宽"中的什么位置，全靠运气。

前后关联就是指数增长的秘密。

什么是前后关联？

我们重新看一下达依尔提的要求：每一格里麦子的数量都比前一格增加一倍。这个要求，翻译成数学语言就是：

小麦棋盘　后一格＝前一格 ×（1 + 100%）

⊖　美国漫威漫画旗下超级反派，实力极其强大。

（1 + 100%）就是后一格与前一格之间的关联。如果说"1"是本金，"100%"是利息，那么，前后关联就是把上一格的收益连本带利地作为下一格的本金。下一格的收益再连本带利地作为下下一格的本金，如此循环 63 次。

基于前后关联的传承，每一步都是站在前人的肩膀上。随着指数的增加（比如从 1 到 64），下一步当然越来越好。越来越好的速度，取决于利息的多少。这就是指数增长，如图 4-2 所示。

再来看我们家族的智商。

上一代的初始智商（本金）加上他后天的习得（利息），能连本带利地遗传给下一代吗？不能。事实上，我们家族（以及全人类）"智商棋盘"上每个格子之间的前后关联都非常弱，主要是靠各种随机事件，直白地说，就是靠运气。

你是做外贸生意的，发现这一行不好做，就去开餐厅；发现餐饮业也不好做，又去开旅行社；发现旅游业还是不好做，又去做直播电商……你前后几件事之间是没有关联的，因此，你不可能获得指数增长。这三件事的成功概率，和我们家族的智商一样，完全是独立的随机事件。

如果前后关联弱，甚至几乎没有关联，不管上一步怎么努力，下一步都只能重新再来。这样就很容易忽好忽坏，或者原地踏步。

图 4-2　指数增长

所以，如何才能获得指数增长？

建立每一步之间的前后关联，从而把昨天的收获连本带利地变成今天的本金。

你的公司赚了钱，如果你把所有钱都拿回去买房、娱乐了，那么是不太可能获得指数增长的。把去年的收获（利润）连本带利地变成今年的本金，才可能创造前后关联。明年继续这么干，后年继续这么干……一直这么干，最后才能获得指数增长。

前后关联，是获得指数增长的数学基础。理解了这一点，我们才能理解《道德经》和《新约·马太福音》里所说的"多者更多，少者更少"现象。

为什么？

因为商业世界中，每个人拥有的生产要素都不一样。在这些生产要素中，有些有天然的前后关联属性（小麦棋盘型），而另一些则没有（智商棋盘型）。

生产要素：为什么再努力财富机会都不均等

我们先来了解什么是生产要素。

大家都知道，我们通常用 GDP（国内生产总值）这个统计指标来表示一个国家一年内创造的总财富。GDP 的增长源自"三驾马车"：投资、消费和净出口。

但是，投资、消费、净出口其实只是财富创造的统计口径。真正推动增长、推动财富创造的，是劳动力、土地、资本、科技、数据这五大生产要素的充沛供给和有效使用。

先说古典增长理论常说的"劳动力、土地和资本"这三个生产要素。

你要开一家纺织厂，要能招到工人（劳动力），要有地方（土地）建厂房，要有钱（资本）购买设备。这三个要素中任何一个要素短缺都会抑制财富创造，从而限制经济增长。

再说新增长理论常说的"科技"这个生产要素。

同样是纺纱，用传统纺车，一个女工一次只能纺 1 卷纱，但如果用珍妮纺纱机这一新工具，一个女工可以同时纺 8 卷纱。如果给珍妮纺纱机再加上蒸汽机呢？一个女工可以同时纺 80 卷纱、800 卷纱，甚至更多。将科技（比如珍妮纺纱机、蒸汽机）用于生产，会极大地提高财富创造的效率，从而带来经济的飞速增长。

最后说"数据"这个全新的生产要素。

以前，企业不知道消费者喜欢什么，只好先生产再推销。在这种情况下，可能有很多产品卖不出去，导致企业亏钱。但现在，有了海量的电商数据，企业可以根据用户的偏好反向定制生产。这样，企业完全不会有库存。财富创造的能力和效率都因此获得巨大的提升。2020 年 4 月，中共中央、国务院印发《关于构建更加完善的要素市场化配置体制机制的意见》，首次把数据作为第五大生产要素和其他传统要素并列。

"三驾马车"，是 GDP 的统计口径；"五大要素"，是 GDP 的推动力量。

这五大要素对推动财富创造、经济增长都很重要。但是，它们彼此的数学特性却不一样。

有的要素，几乎完全没有前后关联的特性，比如劳动力。

劳动力是一种典型的"智商棋盘型"的生产要素，几乎没有数学意义上的前后关联特性。

假如我是一名技工，前天，我在工厂组装了 200 部手机，挣了 200 元。昨天，我状态好，一下子组装了 230 部手机，挣了 230 元。今天，我有点不舒服，咬着牙只组装了 150 部手机，挣了 150 元。请问，我前天挣的 200 元、昨天挣的 230 元和今天挣的 150 元之间有前后关联吗？我后几天挣的钱是在前几天的基础上越来越多的吗？显然不是。我每天挣钱的多少，只受当天各种情况的影响，这是独立事件。

但是，同样是劳动力，医生、律师、工程师、咨询顾问、管理者略有不同。

假如我是一名工程师，我一开始能力不强，一年能挣 10 万元；第二年，因为前一年的经验积累，能力增强，一年能挣 15 万元；第三年，因为第二年的经验积累，能力更强了，一年能挣 20 万元；第四年、第五年，挣到的钱越来越多。

前一年积累的经验，连本带利地成为后一年的能力。看上去，工程师这种劳动力具有前后关联的数学属性，是吗？

没错。但是，工程师的前后关联属性带来的增长比较低。

作为专业岗位，工程师有一条"学习曲线"。这条曲线早期陡峭上升，到后面迅速变慢，甚至可能下降。其具体表现是：20 ~ 30 岁，工程师的技术突飞猛进；30 ~ 40 岁，几乎原地踏步；40 岁以后，随着新技术的不断出现，工程师的实际能力开始减弱，随时都有被 20 ~ 30 岁的年轻人取代的风险。

有段"鸡汤"：只要你每天进步 1%，一年之后，你的能力就是一年前的约 37.78 倍。但是如果你每天退步 1%，那一年后，你的能力就只有一年前的约 3% 了。

这段"鸡汤"还配了一个指数增长算式：

$$1.01^{365} \approx 37.78$$

$$0.99^{365} \approx 0.03$$

这个指数增长算式看上去没有问题，也很励志，但它忽略了一点：劳动力水平的提升是达不到每天 1% 的进步的。假如你的平均劳动水平是每天组装 200 部手机，不管你这一年内怎么提升自己，一年后都不可能达到每天组装 7556 部手机。体力劳动者不可能，脑力劳动者也不可能。

37.78 倍的能力提升，别说是一年，一辈子可能都实现不了。这是由劳动力这个生产要素背后那条"学习曲线"的自身规律所决定的。

所以，一个劳动者可以衣食无忧，甚至相当富裕，但是，想要靠劳动获得指数增长，几乎不可能。

那土地呢？

可能和你理解的不一样，土地的前后关联属性并不比劳动力强多少。

假如我出租一套房子，去年这套房子的租金是每月 5000 元，今年这套房子的租金是每月 5500 元，明年这套房子的租金估计是每月 5300 元。这三年，我每月能收多少房租是由当年的供需关系决定的，与前一年租金的高低几乎无关，每一年的租金都是独立事件。

你可能会说：可是房产和土地会增值啊！

过去，我们一直处于房产和土地的增值周期中，所以很多人会误以为房产和土地的价格只会涨，不会跌，但事实并非如此。

所以，"一铺养三代"也许可以，很多人也从中国长期的房地产红利中挣到了不少钱，但是，想靠房产和土地获得指数增长，同样是几乎不可能的。

但是，资本就不一样了。

假如前年我给某个项目投资了 1000 元，得到了 200 元的收益。去年，我把这 1000 元本金和 200 元收益连本带利又投给了那个项目，年底收回 1440 元。今年，我把这 1440 元又投进去了，估计年底能收回 1728 元。我投资了 1000 元，这 1000 元第一年帮我赚了 200 元，第二年帮我赚了 240 元，第三年帮我赚了 288 元，赚到的钱越来越多。用一个公式表示，就是：

$$后一年 = 前一年 × （1+20\%）$$

资本是一个典型的"小麦棋盘型"生产要素。后一年和前一年有（1+20%）的前后关联。虽然"每年赚 20%"不如达依尔的"增加一倍"，但是如果放满 64 格，也能获得 11 万多倍的收益。

如果我 20 岁的时候投了 1000 元在一个稳定年化收益 20%、第二年自动连本带利滚入本金的项目上，然后就忘了这件事，那么 64 年后，当 84 岁的我突然想起这件事时，我会发现我的账户里有约 1.17 亿元。

当然，20% 已经是很高的收益了，而且这个世界上不存在"稳定年化收益"，但是资本的前后关联特性确实使一部分人的财富获得了指数增长。

所以，你会发现，劳动力在数学意义上的弱前后关联性，以及资本在数学意义上的强前后关联性，必然导致财富向资本方集中。在没有非市场化因素干预的情况下，贫富差距一定会越来越大。

但是，还有一个生产要素比资本具有更强的数学意义上的前后关联性，那就是科技。

在科技行业，这个数学意义上的前后关联性被称为"飞轮效应"。

2001 年，亚马逊的创始人杰夫·贝佐斯（Jeff Bezos）在餐巾纸上画了两个圈，如图 4-3 所示。

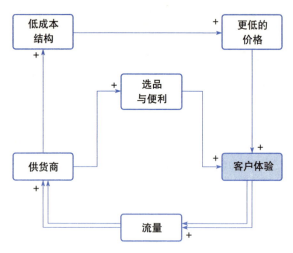

图 4-3 亚马逊的"增长飞轮"

这两个圈就是亚马逊的"增长飞轮"，用一句话来解释就是：商品越多、越便宜，用户就越多；用户越多，商品就越多、越便宜。用一个公式来表示就是：

后一圈 = 前一圈 ×（1+ 新增用户 %）

这个逻辑难道不是几千年来所有生意人都熟知的基本道理吗？还需要贝佐斯来说？

是的。但是在过去，你虽然知道这件事，却做不到。因为你的小店所能服务的，只有附近 3 公里的人。这个"小麦棋盘"很小，只有 7 ～ 8 格，所以填了几格后，因为服务总人数的刚性限制，你的小店很快进入发展瓶颈期。

但是，理论上互联网是可以服务全人类的，科技给贝佐斯换了一个巨大的"小麦棋盘"。这个棋盘和达依尔的一样，有 64 格。

贝佐斯如获至宝，开始一格一格地往里放"小麦"。

放到 3 ～ 4 格的时候，别人觉得他是不是傻；放到 7 ～ 8 格的时候，大家开始意识到他的存在；放到 10 ～ 20 格的时候，他的公司已经很大了，但依然不赚钱，大家疑惑这个模式是不是真的成立。终于，放到第 30 格时，贝佐斯开始赚钱了，而且一下子赚到了多到令人瞠目结舌的钱。接着，贝佐斯开始放第 31 格、第 32 格，这时，他成了全球首富。

科技所带来的指数增长以及财富的集中效应，让资本都望之莫及。

2021 年福布斯富豪榜前十名中有 7 个是科技巨头，比如亚马逊的贝佐斯、特斯拉的埃隆·马斯克、微软的比尔·盖茨、Facebook 的扎克伯格、谷歌的拉里·佩奇和希尔盖·布林。而投资人，只有沃伦·巴菲特。

那么，数据呢?

数据是科技的副产品，具有和科技一样的数学属性。数据越多，价值就越高。在这里，我们就不展开讨论了。

现在，我们把这五大生产要素放在一起，根据前后关联性的强弱以及导致指数增长的可能性大小，给它们排个序，如图 4-4 所示。

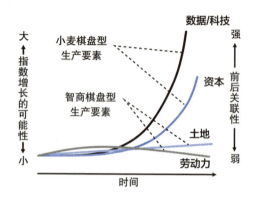

图 4-4　生产要素与指数增长

绘图：华十二。

所以，如何获得指数增长？数学告诉你，至少应掌握资本这项生产要素，当然，如果你能掌握科技和数据这两大"绝杀技"，那就再好不过了。

以前，我们提到有钱人时，会想起"地主"。后来，我们提到"资本家"时，会觉得他们更有钱。现在，"科技巨头"才是真正的富可敌国。未来，当"数据主"这样的概念开始出现时，难以想象商业世界会变成什么样子。

资本、科技、数据带来了个人财富的指数增长，带来了全球经济的持续繁荣，但同时也带来了贫富差距的扩大。这几乎是必然的，因为指数增长的反面是幂律分布。

幂律分布：选对赛道是成功的关键

什么是幂律分布？

我在《刘润·5 分钟商学院》的发刊词里曾经举过一个例子。

我有一个朋友是举办个人画展的最年轻的艺术家之一，作品在拍卖行被拍出上百万元的价格。

小时候的他其实在音乐和绘画上都极有天赋，也因此面临过很多人都曾面临过的人生两难：如果只能在音乐和绘画中选一个坚定地走下去，怎么选？

其实，从商业的视角看，音乐和绘画有本质区别。

在这个世界上，有些行业注定是分散的，谁都不可能占据很大的市场份额，但做得好也能很优秀，比如绘画。绘画这个行业是"梯形台"，画家的画可能卖 5 万元 / 平方尺，也可能卖 50 万元 / 平方尺，他们处于这个"梯形台"的不同层次，每一层都能养活一批画家。总体来说，绘画行业是趋于分散的。

但是，另外一些行业则完全不同。在这些行业里，成功者很容易垄断、一家通吃，比如音乐就是如此。一首歌很好听，很多人上网听。他们听了之后，又传播给更多人，于是，这首歌越来越火，歌手也越来越出名。再比如，说起中国著名钢琴家，我会想起郎朗，但除此之外，我说不出第二个人的名字。音乐这一行就像金字塔，能到达塔尖的就那一两个人。总体来说，音乐行业是趋于集中的。

最后，这位朋友选择了在绘画这一行继续精进。

趋向分散的绘画行业，符合正态分布（钟形）；而趋向集中的音乐行业，符合幂律分布（尖刀形）。

幂律分布

幂律分布与指数增长是一体两面，所以，我们回到最开始的指数公式：

$$底数^{指数} = 幂$$

有 A、B、C 三个人，其中，A 增长的前后关联性是 0，他是纯粹的劳动者；B 增长的前后关联性是 20%，他是一个投资人；C 增长的前后关联性是 80%，他是一位科技大佬。如果这三个人都以"1"为起点，同样奋斗 20 年，猜猜看，他们创造财富的能力最终会差多少？

他们的差距，可以用三个算式来表示：

$$A：(1 + 0\%)^{20} = 1$$
$$B：(1 + 20\%)^{20} \approx 38.34$$
$$C：(1 + 80\%)^{20} \approx 127\,482.36$$

在这个算式组里，算式右边的三个数（1，38.34，127 482.36）就是幂。这三个人掌握的生产要素不同，虽然奋斗同样的时日（也就是"指数"相同），他们的财富总额（也就是最后的"幂"）却有着天壤之别。

如果是 30 人、3 万人甚至 3 亿人呢？把他们的财富总额（幂）从低到高、从左到右列在一张图里，会是什么情况呢？把幂按顺序画在同一张图里，就是幂律分布。

我们再回头看一下《2022 年世界不平等报告》里的那张全球财富分布图（见图 4-1），它就是指数增长必然带来的幂律分布示意图。

在指数增长的长期作用下，游戏参与者所拥有的筹码差距越来越大，从而导致极度不平均。

贫富差距越来越大，当然不是一件好事。这使经济增长的"蛋糕"不能公平地分配给每一个做出贡献的人，而且还会使社会出现不稳定。怎么办？

既然贫富差距是资本和科技带来的，那把资本和科技收为国有是不是就可以解决这个问题了？这当然不行。无数血泪教训告诉我们，只有让生产要素自由流动，它们才能被最能发挥其价值的人拥有，从而创造最大的社会财富。所以，劳动力、土地、资本、科技、数据都要市场化交易，劳动力市场（人才市场）、土地市场（土地拍卖）、资本市场（银行及证券等）、技术市场（专利）以及日益成熟的数据市场都是必须存在的。

那还有什么方法呢？

面对这个数学难题，大部分国家选择了"三次分配"。

三次分配

要理解什么是三次分配，我们首先要搞清楚什么是一次分配、二次分配，以及为什么要做一次分配、二次分配。我们先来看一道几乎无人能解的经济学难题：如何兼顾公平和效率？

我举个例子。

老王和小张都是玉石匠人，他们将那些品质不同的玉石雕刻成价值不等的艺术品，然后卖钱。我们知道，同一个匠人，用通体晶莹剔透的宝玉雕刻出来的成品，比用满是裂纹、斑点的碎石雕刻出来的成品更值钱。我们也知道，同一块玉石，如果由真正的艺术大师雕刻，成品会比年轻的新手学徒雕刻出来的成品更值钱。

玉石品质和匠人手艺是乘数关系，用公式表示，就是：

$$成品价值 = 玉石品质 \times 匠人手艺$$

为了便于理解，我们用数字来表示玉石品质和匠人手艺，数字越大，表示品质和手艺越好。现在有两块玉石，一块是碎石，品质是 3；一块是宝玉，品质是 9。有两位匠人，一位是小张，手艺是 2；一位是老王，手艺是 8。请问，应该让谁来雕刻哪一块玉石？

让老王雕刻宝玉？好。我们算一下这个方案的成品总价值，也就是两人的总收入：

$$9（宝玉）\times 8（老王）+ 3（碎石）\times 2（小张）$$
$$= 72（老王的收入）+ 6（小张的收入）$$
$$= 78（两人总收入）$$

在这个方案中，两人总收入为 78。不错。但对这个结果，小张非常不满意："差距太大了吧。凭什么老王拿 72，我拿 6？这不公平。我不服气。我也要雕宝玉！"

那么，让小张雕刻宝玉？好。我们也来算一下这个方案的成品总价值，也就是两人的总收入：

$$3（碎石）\times 8（老王）+ 9（宝玉）\times 2（小张）$$
$$= 24（老王的收入）+ 18（小张的收入）$$
$$= 42（两人总收入）$$

在这个方案中，小张的收入上涨了 12，与老王的收入十分接近。但代价是，两人的总收入下降了 36，只有 42 了！与上一个方案相比，这几乎算得上是断崖式下跌了。

那么请问，你会把宝玉给老王雕刻，还是给小张雕刻?

从本质上来说，这个问题问的是选择公平，还是选择效率。

公平是指收入分配追求相对平等。

把宝玉给小张雕刻，两个人的收入相对平等。老王能力强，收入 24。小张能力差，收入少点，但也有 18。24 和 18 差不了太多。这就是公平。

但是，这样的公平在一定程度上牺牲了效率。小张虽然满意了，但社会总财富从 78 跌到了 42，经济发展被严重拖慢了。

效率是指以最小投入获得最大产出。

把宝玉给老王雕刻，能获得最大的产出。因为老王的才华使他能把宝玉的价值发挥到极致，整体收入因此从 42 暴增到 78。把资源分配给用得最好的人，社会财富才会实现最大化。

而最优化资源配置，提升总体效率，这正是经济学研究的目的。

这也是为什么诺贝尔经济学奖获得者、新制度经济学奠基人罗纳德·哈里·科斯（Ronald Harry Coase）说："资源，总会落到用得最好的人手里。"

但是，这样的效率在一定程度上牺牲了公平。社会总财富的确实现了最大化，但小张"被平均了"。小张的财富增加速度远低于老王，贫富差距越来越大。效率的红利，没有公平地降临。

现在你大概会明白我为什么要给你讲老王和小张的故事了。因为今天的资本和科技都掌握在"老王"手里，他带来了效率，但也"消灭你，与你无关"地把小张甩在了身后。

　　而线下小卖家、出租车司机、高速公路上的收费员、家门口的菜贩、不会用移动支付的老人，就是"小张"。他们也热切地盼望着社会的进步，但总觉得自己被进步给抛弃了。

　　那怎么办呢？

　　我们只能咬咬牙接受。资本和科技必须通过市场流通到最会使用它们的"老王"手里，因为只有这样，我们才能"做大蛋糕"。

　　这就是一次分配，一次分配是生产要素的分配。

　　这之后，还要进行二次分配。

　　你一定对个人所得税很熟悉。你的收入越高，个人所得税的税率就越高。累进增高的个人所得税制度以削峰填谷的方式，把经济增长的整体红利相对平等地"二次分配"给更多人。

　　怎么二次分配？通过失业救济、再就业培训、减免低收入人群的税费、提供更多便宜的社会服务甚至现金补助等手段，把部分社会财富分给"小张"，以求一定程度上的公平。

　　渐渐地，大家形成了一种共识：一次分配负责效率，二次分配负责公平。一次分配、二次分配各司其职。

　　那三次分配呢？

　　三次分配就是在自愿的原则下，部分人以募集善款、捐赠、资助、义工等慈善与公益方式，把自己拥有的资源和财富分配给需要的人。这是对前两次分配的补充。

指数增长和幂律分布其实就是一体两面，是一件事情。但是，指数增长这一面会带来经济增长，幂律分布这一面会带来贫富差距。这是一道难解的数学题，让人头疼。

从社会层面来说，绝大多数国家都在用"三次分配"这种解法。这可能是目前已被验证的最有效的解题思路了。

而作为个人，作为创业者，当你面对一体两面的指数增长和幂律分布时，应该怎么办呢？

你要做的最重要的事情就是选择赛道。

选择赛道

有一次，我的一位朋友像发现新大陆一样激动地对我说："润总，我发现，到今天为止，餐饮业都没有一家公司能占据全国 5% 以上的市场份额，但在互联网行业，一家公司就能占据 70% 的市场份额。这说明餐饮业还有巨大的机会啊。据相关统计，餐饮业的市场规模在 4 万亿元左右，如果我用做互联网公司的方法进入餐饮业，也干到占据 70% 的市场份额，那不就能做成一家年营收将近 3 万亿元的公司？比华为还大好几倍啊！"

他激动万分。

但是，他用做互联网公司的办法真的能做成一家年营收近 3 万亿元的餐饮公司吗？

你知道今天中国最大的餐饮集团是哪一家吗？

不是海底捞，是一家叫作"百胜中国"的公司。如果你没有听说过百胜中国，你一定听说过它旗下的品牌：肯德基、必胜客、小肥羊等。百胜中国的年营收是 600 亿元左右，中国餐饮业总规模约为 4 万亿元，百胜中国的年营收约占中国餐饮业总规模的 1.5%。

百胜中国已经是非常庞大的餐饮帝国了，而且，如果你去研究它的管理方法，会发现简直令人叹为观止。但是，即便如此，它依然只占中国餐饮市场 1.5% 的份额。而在互联网行业，如果你的公司只占 1.5% 的市场份额，你都不好意思和人家打招呼。

为什么会这样？因为餐饮市场天生是一个趋于分散的市场。

百胜中国是一家上市公司，所以有"资本"的加持；百胜中国借助互联网的力量做了大量创新（会员制、外卖等），所以也有"科技"的赋能。但是，到最后，肯德基的每一块炸鸡仍需要被具体的人炸出来，每一盒汉堡仍需要被具体的人包起来。虽然有资本和科技的加持，但是对于年营收 600 亿元的百胜中国来说，更重要的却是"劳动力"。

你猜百胜中国有多少员工？根据 2021 年的统计，总共有 44 万员工。

你管理 40 名员工时，是不是已经觉得很难了？管理 400 名员工就更难了。管理 4000 名、4 万名呢？百胜中国管理的是 44 万名员工。如果要做到 6000 亿元年营收，占中国餐饮市场 15% 的份额，百胜中国可能需要 440 万名员工，甚至更多。

科技公司华为 2021 年的年营收是 6300 多亿元，但是你猜华为有多少员工？13.1 万人（截至 2021 年 12 月 31 日）。科技公司用约 13 万名员工做到 6300 多亿元收入，而餐饮业要做到同样的收入，需要 400 多万名员工。到目前为止，地球上还没有一家公司能管理 400 万名员工。目前员工数量最多的公司是沃尔玛，大约 230 万人。

在餐饮业这样一个以劳动力为主要生产要素的行业，几乎不可能出现占据 10% 以上市场份额的巨头。换句话说，在餐饮业，创业公司的收入可能并不遵循幂律分布，而是遵循正态分布。

所谓正态分布，就是差的有，但很少；好的也有，就像百胜中国，但也不多；大部分都在中间。

餐饮业之所以会呈正态分布，是因为其最重要的生产要素是劳动力，资本和科技只能发挥辅助价值。而劳动力的前后关联性很弱，所以，餐饮业的财富分配很均衡，谁也不可能赢家通吃。

其实不只是餐饮业，整个服务业都是如此，比如理发、维修、美容、医疗等。对所有服务业来说，最重要的生产要素都是劳动力，所以，这些行业里的财富分配都遵循正态分布。

那么，你会进入哪个行业，选择哪条赛道？是餐饮业，还是互联网行业？

这是一个非常重要的战略选择。在数学规律的作用下，餐饮业符合正态分布，呈"钟形"，而互联网行业符合幂律分布，呈"尖刀形"，如图 4-5 所示。

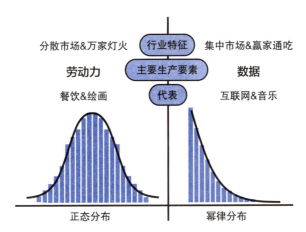

分散市场&万家灯火　　行业特征　　集中市场&赢家通吃

劳动力　　主要生产要素　　数据

餐饮&绘画　　代表　　互联网&音乐

正态分布　　　　幂律分布

图 4-5　"钟形"正态分布与"尖刀形"幂律分布

绘图：华十二。

理解了数学里的指数和幂之后，你才会明白，"打打杀杀"都是小事；选择在哪里"打打杀杀"，才是大事。

有些餐饮业创业者向我抱怨行业的资本化水平、科技化水平不高，我对他们说：你应该感谢这个行业的资本化水平、科技化水平不高，因为如果这两个有指数增长特征的生产要素的重要性越来越大，你所在的行业必然会进入赢家通吃的状态。你确定你会成为那个通吃的赢家吗？正是因为餐饮业是劳动力属性特别强的行业，财富极度分散，才容纳了芸芸众生，万家灯火。

如果你读到这里，还是坚持自己的想法：我还是想进入有指数增长特征的行业，站在幂律分布食物链的顶端，做点轰轰烈烈的事。

很好，那我给你一个非常重要的建议：跨越奇点。

跨越奇点：长期主义的本质

有一个农民给地主打工，地主说："我每个月给你一石米。"

这个农民正好听过舍罕王和达依尔的"小麦棋盘"的故事，于是，他对地主说："我有一个大胆的想法，你第 1 天给我 1 粒米，第 2 天给我 2 粒米，第 3 天 4 粒，第 4 天 8 粒……就这样每天翻一倍，可好？"

地主想，这农民一定是脑子有毛病，于是就答应了。农民大喜过望。

到第 7 天，农民饿死了。

这个故事的结局有点出人意料，但是背后的道理却简单而深刻。

这涉及一个重要的数学概念——奇点。

假设一碗饭大约有 3000 ～ 4000 粒米，一个农民一天要吃 3 碗饭，也就是每天需要 1 万粒米才能活下来，那么，很显然，前几天他得到的米是不够活命的。那到第几天才够活命呢？

第 1 天 1 粒米，第 2 天 2 粒米，第 3 天 4 粒米，显然是不够吃的。到了第 14 天，农民可以得到 8192 粒米，勉强够吃。第 15 天，农民得到 16 384 粒米，终于有结余了。所以，前 14 天，农民都在"亏"；直到第 15 天，才开始"赚"。第 15 天，就是农民扭亏为盈的"奇点"。在这个奇点之前，农民如果没有其他的食物来源，是会饿死的。可一旦过了这个奇点，农民就能获得难以想象的收益。农民的奇点与收益变化如图 4-6 所示。

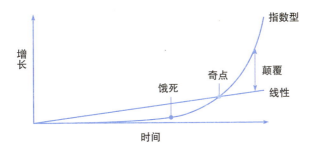

图 4-6　农民的奇点与收益变化

奇点之前饿死，奇点之后颠覆，所以，一定要跨越奇点。那怎样才能跨越奇点呢？找到投资人。这是我给所有希望获得指数增长的创业者的第一条建议。

寻找投资人

农民想找投资人，可是，投资人为什么要帮他？

农民可以对投资人说："在未来的 14 天，你要确保我每天都能吃饱。我死不了，对你来说是巨大的财富。因为从第 15 天开始，我会把我从地主那里拿到的粮食，分给你 30%。"

我们来看农民的"商业计划"，如表 4-1 所示。

按照这个"商业计划"，前 14 天，农民一共吃了投资人 123 617 粒米，但是从第 15 天开始，投资人从 5 天的 30% 分成中就能收获 152 371.2 粒米，收回所有投资。之后，投资人所得到的就是巨额的纯收益了。

在一个指数增长型的创业模型里，投资人至关重要。不拿投资的指数增长企业几乎是不存在的。

反过来说，只有指数增长型的创业模型，才能满足大部分投资人的胃口。

为什么？

《2022 年世界不平等报告》中的全球财富分布图（见图 4-1）显示，全球 1% 的人拥有 38% 的财富，10% 的人拥有 75% 的财富，而排在最后的 50% 的人只拥有 2% 的财富。这段话可以总结为一张表，如表 4-2 所示。

表 4-1 农民的"商业计划"

天数	1	2	3	4	5	6	7	8	9	10	11	12	13	14	15	16	17	18	19
得到粮食	1	2	4	8	16	32	64	128	256	512	1 024	2 048	4 096	8 192	16 384	32 768	65 536	131 072	262 144
吃掉粮食	10 000	10 000	10 000	10 000	10 000	10 000	10 000	10 000	10 000	10 000	10 000	10 000	10 000	10 000	10 000	10 000	10 000	10 000	10 000
投资粮食	9 999	9 998	9 996	9 992	9 984	9 968	9 936	9 872	9 744	9 488	8 976	7 952	5 904	1 808	共计投资：123 617 粒				
收益粮食	共计收益：152 371.2 粒														4 915.2	9 830.4	19 660.8	39 321.6	78 643.2

表 4-2　全球财富分布比例

人群	人口占比	拥有财富	回报率
A	1%	38%	38
B	9%	37%	4.1
C	40%	23%	0.6
D	50%	2%	0

如果你是一个投资人，你投中的是 C 类和 D 类人群，那么，哪怕他们占 90% 的比例，你仍然是亏的。你要投中 B 类以上人群（前 10%）才有的赚。而只有投中了 A 类人群（前1%），才能赚大钱。

这个表中的"回报率"，指的并不是真实的投资回报率，而是财富和人口关系的一个示意。这个示意能说明为什么投资人只会投有指数增长特征的企业，因为只有它们有潜力成为头部 1% 的 A 类公司。

因此，我给创业者的第二个建议，就是寻找有指数增长特征的行业。

寻找前后相关性突出的商业模式

我们说过，指数增长背后的数学逻辑是前后相关性，而前后相关就是"小麦棋盘"公式里的"增长因子"。

后一年 = 前一年 ×（1 + 20%）

这个公式里的增长因子是（1+20%），也就是年增长率

20%。对一个期待指数增长的企业来说，增长因子（或者说年增长率）越大越好。

那么，年增长率到底要达到多少，企业才能被称为指数增长型企业呢？

《指数型组织》⊖给出了一个指导意见：4～5 年收入翻10 倍。

4～5 年收入翻 10 倍，意味着年增长率在 60%～80%，而且是连续的。这个增长率只可能来自资本和科技，而不会是劳动力。

那么，劳动密集型行业、服务业就不能获得指数增长了吗？

也可以。这时，你要做的关键一点是：把劳动力密集的部分交给别人去做，自己只做资本和科技的部分。

我举个例子。

我有一个朋友是开美容院的，她开了很多家美容院，但是觉得越来越累，增长也很慢。于是，有一天，她决定不开美容院了，而是转型去帮别人开美容院。

她找到那些想开美容院的人，为他们提供技术、经验以及 70% 的资金，同时要求获得 30% 的分红。美容院老板一听：这样好啊，自己出得少，分得多。

⊖ 伊斯梅尔，马隆，范吉斯特，等. 指数型组织：打造独角兽公司的 11 个最强属性［M］. 苏健，译，杭州：浙江人民出版社，2015.

但是，她提了一个条件：必须用她的美容产品。美容院老板觉得这很合理，于是就接受了。

后来，这家美容院赚钱了。这时，老板有想法了：她什么也不干就分走30%，不值得。于是，我的这个朋友说："你可以把我的股份买回去。以后赚的钱，都是你自己一个人的。但还是那个条件，美容产品必须用我的。"美容院老板觉得很合理，于是就把股份都买回去了。

就这样，我的这个朋友孵化了很多家美容院，打造了一个美容连锁品牌，她的经营结构也因此发生了变化，如图4-7所示。

图4-7　美容连锁品牌的经营结构

绘图：华十二。

观察这个经营结构，你会发现，美容院是能赚钱的，但是，它们是靠劳动力这个生产要素赚钱的。而我这个朋友的美容连锁品牌呢？单纯地靠资本和科技挣钱。所以，即使在服务业，这家公司也获得了指数增长。

做时间的朋友，等待奇点到来

我给创业者的第三个建议，也是最后一个建议，是耐心地等待奇点到来。

提问：水草每天生长一倍，占满水池需要 21 天。请问，水草占满一半水池，需要多久？

答案是 20 天。

指数增长的一个重要特点是"大器晚成"。因为奇点来得很晚，可一旦来到，就势不可当。

农民的奇点在第 15 天来临。到第 15 天，过了奇点，地主给的粮食就够农民一天吃的了，从此之后，农民越来越富有。

亚马逊的奇点在第 20 年来临。到第 20 年，过了奇点，亚马逊开始赚钱了。从此，亚马逊一飞冲天。根据 2021 年《财富》世界 500 强排行榜，亚马逊的年净利润是 213 亿元，位居第 16 位。

巴菲特说："我一生中 99% 以上的财富，都是在 50 岁以后获得的。"巴菲特从 11 岁开始投资，直到 50 岁才迎来了他的奇点。有一次，贝佐斯问巴菲特："你的投资体系这么简单，为什么别人不做和你一样的事情？"巴菲特回答："因为没有人愿意慢慢变富。"

所以，获得指数增长的关键是耐心。要坚持做正确的事情，做时间的朋友。

　　人们用很多说法来劝诫你要有耐心，比如长期主义，比如做时间的朋友，比如复利效应，比如增强回路，比如飞轮效应，比如马太效应，比如长坡厚雪。

　　但是，你首先要确认摆在你面前的是一副"小麦棋盘"，而不是"智商棋盘"。

　　如果你确定你是在"小麦棋盘"上下棋，那么，长期主义就是正确的策略，就像王兴做美团，就像贝佐斯经营亚马逊，就像巴菲特坚持价值投资。

　　祝你找到一块属于你的"小麦棋盘"，然后用一生的时间坚守长期主义。

结语

　　这一章，我用"指数"和"幂"这两个数学概念，帮你看清这个"不平等"的世界的底层逻辑。

　　这个世界，从来都不是"一分耕耘，一分收获"。"多者更多，少者更少"，才是世界的正常状态。

　　但是，我用一章的篇幅来讨论"指数"和"幂"，并不仅仅是为了帮你"看"清这个世界的游戏规则，更是为了帮你"选"对自己的赛道，然后下场。

　　你可以选择符合正态分布的赛道，那里芸芸众生，万家灯火；你也可以选择符合幂律分布的赛道，那里赢家通吃，生生灭灭。然后，在你的赛道里，做时间的朋友。

　　祝你不管选择哪条赛道都有收获。

第 5 章

方差与标准差

理解群体的差异性，管理更高效

先给你讲两个故事。

第一个故事关于大学。有一所大学特别牛，叫深圳大学。深圳大学各方面都很优秀，尤其学生毕业后的收入高得吓人，1993届毕业生的平均身价过亿。请问，深圳大学是怎么做到的？

第二个故事关于河流。有一个赶路人被一条河挡住了去路，河上没有桥，绕过去要很远。赶路人想：如果这条河不深，干脆蹚水过去算了。他问当地人这条河有多深，当地人说："不深，平均1.5米吧。"赶路人想：我1.8米高，那没事。于是，他便蹚水过河，不幸却被淹死了。请问，这个赶路人是怎么淹死的？

先公布第二个故事的答案：这个赶路人其实是被"平均"这两个字淹死的。

平均1.5米深的河，当然不可能每个地方的深度都是1.5米，可能有的地方1.6米深，有的地方1.4米深，有的地方0.4米深，有的地方3米深……赶路人就这样不幸被淹死了。

过河不能问"平均"，只能问"最深"。

那深圳大学 1993 届毕业生的平均身价过亿是怎么回事呢？是因为这一届有马化腾。马化腾身价几千亿元，被他一平均，这一届毕业生都是亿万富翁。

"平均"身价过亿，不是"人人"身价过亿。

平均是我们在日常生活和商业世界中经常使用的一个词。有时我们感觉平均是有意义的，有时我们又感觉"被平均"了，为什么？

这是因为平均是描述群体共性的数学概念，但是，在这个非线性世界里，个体的差异（比如我的收入和马化腾的收入）实在太大了，因此，有时研究一个群体的差异性比研究其共性更重要。比如，在贫富差距、员工收入结构、质量管理等经济和商业问题中，深刻理解群体的差异性比理解它们之间的共性重要得多，对指导企业经营也更有意义。

那么，如何才能深刻理解群体的差异性，并指导企业经营呢？

你需要两个重要的数学工具：方差与标准差。

量化差异性，让管理变简单

方差和标准差不是显而易见的概念，但是，它们对你从更底层的逻辑理解和学习经营管理非常重要。所以，请允许我花一点时间，先从数学上解释一下这两个概念。

我们假设有两组数据，一组叫 X，一组叫 Y，每组各 5 个数据，如表 5-1 所示。

表 5-1　X 组数据与 Y 组数据

	1	2	3	4	5	平均数
X	50	100	100	60	50	72
Y	73	70	75	72	70	72

首先，这两组数据的"共性"，也就是平均数，都是 72。虽然平均数相同，但是，显然这两组数据大不相同。如果这两组数据是工资，你不能因为它们的平均工资都是 72，就说 X 公司和 Y 公司的待遇差不多。

差多了。但是差多少呢？这时，我们要找一个办法来量化它们之间的差异性。只有量化了，才有比较的可能。

你说 A 跳水很厉害，B 跳水也很厉害，我问：那谁跳水更厉害？如果没有量化，你只能说"都很厉害"。所以，差异性必须量化，量化是比较的基础。

怎么量化？

方差

X 公司的第 1 个员工，工资是 50 万元，而这家公司的平均工资是 72 万元，所以，他与平均工资的差异是 −22 万元（少 22 万元）。第 2 个员工的工资和平均工资的差异是 28 万元（多 28 万元）。第 3 个、第 4 个、第 5 个员工的工资与平均工资的差异分别是 28 万元、−12 万元、−22 万元。Y 组同理。如表 5-2 所示。

表 5-2　各个数据与平均数之间的差异

	1	2	3	4	5	平均数
X	50	100	100	60	50	72
X 组差异	−22	28	28	−12	−22	0
Y	73	70	75	72	70	72
Y 组差异	1	−2	3	0	−2	0

通过表 5-2，你一眼就能看出，X 公司的员工工资与平均工资之间的差异比 Y 公司大很多。

但是，这只是直观的感受。能不能通过这组个体差异性数据算出群体差异性指标呢？能，这就需要用到方差了。

计算方差有两个步骤：先平方，平方的目的是去掉负号；再平均，平均的目的是得到差异性。我把公式列在下面，对计算无感的，可以略过。

X 组方差计算公式：$[(-22)^2 + (28)^2 + (28)^2 + (-12)^2 + (-22)^2]/5 = 536$

Y 组方差计算公式：$[(1)^2 + (-2)^2 + (3)^2 + (0)^2 + (-2)^2]/5 = 3.6$

现在，我们来看一下 X 组数据和 Y 组数据的方差，如表 5-3 所示。

表 5-3　X 组数据和 Y 组数据的方差

	1	2	3	4	5	平均数	方差
X	50	100	100	60	50	72	536
X 组差异	−22	28	28	−12	−22	N/A	N/A
Y	73	70	75	72	70	72	3.6
Y 组差异	1	−2	3	0	−2	N/A	N/A

X 公司员工工资的方差（员工工资之间的差异性）是536，而 Y 公司员工工资的方差是3.6。显然，X 公司员工工资的差异性比 Y 公司大得多。用数学语言来说，方差为536的这组数据（不管这组数据是工资数据、身高数据还是打靶数据）更分散，而方差为3.6的这组数据更集中。

有了方差这个工具，就算现在摆在你面前的是1万家公司的数据，你也能给它们先打分，再排序，然后准确地说出任何两家公司谁的工资更分散，谁的工资更集中。

这就是量化的作用。

如果你是一个正在找工作的求职者，你会去工资更分散的 X 公司，还是工资更集中的 Y 公司？如果你是一个创业者，你希望自己管理的是哪一家公司？

方差是非常好的用来衡量数据差异性的工具。但是，因为计算方差的过程有"平方"的操作，所以，方差和原数据已经不是一个单位了。如果原数据的单位是"元"，那方差的单位就是"平方元"了；如果原数据单位是"千克"，那方差的单位就是"平方千克"；如果原数据单位是"厘米"，那方差的单位就是"平方厘米"了；如果原数据单位是长度单位，那方差的单位就变成面积单位了。因此，虽然方差能显示差异性，但是我们无法在方差和原数据之间进行进一步分析和计算。

这时，我们就要引入另一个数学概念了，那就是"标准差"。

标准差

标准差，就是方差的平方根。

X 组数据的标准差是 $\sqrt{536} \approx 23.15$，Y 组数据的标准差是 $\sqrt{3.6} \approx 1.90$。

一旦开了平方，标准差的单位就重新回到了"元""千克""厘米"，回到和原数据同一维度上，也就有了更多计算和分析的可能。比如，有了标准差，我们就可以说 X 公司的平均工资是 72 万元，有 23.15 万元左右的波动；Y 公司的平均工资也是 72 万元，有 1.90 万元左右的波动，如表 5-4 所示。

表 5-4　X 组数据和 Y 组数据的标准差

	1	2	3	4	5	平均数	方差	标准差
X	50	100	100	60	50	72	536	23.15
X 组差异	-22	28	28	-12	-22	N/A	N/A	N/A
Y	73	70	75	72	70	72	3.6	1.90
Y 组差异	1	-2	3	0	-2	N/A	N/A	N/A

这样的表述更直观，所以，在实际应用中，标准差的使用场景远远多于方差。

比如，在正态分布中常使用标准差。

我举个例子。

我的朋友总是评价我"特别勤奋"，可是，你知道我为什么这么勤奋吗？因为一段苦涩的回忆。

小时候我觉得自己挺聪明的，看到另一些聪明人，总想比一比。有一次，我在网上看到这个世界上居然有一个"聪明人俱乐部"叫门萨俱乐部（Mensa Club）。这个俱乐部不看身高，不看颜值，不看财富，只看你是不是聪明。只要你聪明，再丑都能入会。如果你不聪明，再有钱都会被拒之门外。

了解到有这个俱乐部之后，我大喜过望，心里隐隐觉得：我这种丑人的春天来了。

于是，我找到门萨俱乐部的负责人，说我要入会。

负责人扔了一个链接给我，让我先做一套题，对我说："成绩高于135，你再来找我吧。"门萨俱乐部的入会门槛是智商130，这套题比真实的门萨俱乐部入门考试题更简单。于是，我信心满满地开始做题。45分钟后，结果出来了……我的整个世界崩塌了。我不信！于是，我又做了一遍，分数一模一样。

过了很久，我才能接受现实：原来，我不是一个聪明人。

以前觉得自己挺聪明，只是一个美丽的误会。怎么办？不是说"勤能补拙"吗？那我就只能勤奋了。

可是，到底多聪明才能达到门萨俱乐部的入门门槛呢？智商 130 到底是什么概念？

这时，我们需要用到"标准差"这个数学工具。

我在第 1 章中说过，下一代的智商受上一代的影响很小。对下一代的智商影响更大的，是大量独立的随机因素。所以，一个人的智商是高是低，只能碰运气。

受大量独立随机因素影响的事情，想要太好特别难，想要太差也不容易，大部分都集中在不太好也不太差的中间位置。如果画成一张图，就是"钟形"（见图 4-5）。人类的智商分布也呈"钟形"，大部分人集中在中间，左右则很少，极端的就更少了。

假设现在我出一套题，这套题很难，而且限时完成，所以没有人能全部做对。我把所有参加测试者的正确率从低到高排序，然后把正好位于中间的那个人的成绩定义为 100 分。

做出多少道题，不重要。正确率是多少，也不重要。只要你的正确率在全人类中位于正中间，那么，你就是 100 分。换句话说，这个世界上其实有一半的人智商不到 100。

你可能会想：我和朋友们在微信里做过一些智商测试，分数都挺高啊。这当然有可能是因为你和你的朋友们智力超群，但也有可能是那个测试不可信。很多测试都是为了讨好你而设计的，因为它需要你的转发。如果分数低，你可能就不转发了。

100 分是平均分。韦氏智力量表（Wechsler Intelligence Scale）把 15 分定义为一个标准差，于是，按照正态分布的规律，人类的智商分布大概是：

- ▶ 68.27% 的人，智商为 85 ～ 115（100 ± 1 个标准差）；
- ▶ 95.45% 的人，智商为 70 ～ 130（100 ± 2 个标准差）；
- ▶ 99.73% 的人，智商为 55 ～ 145（100 ± 3 个标准差）。

按照这个分布来计算，全球大概有约 2.28% 的人符合门萨俱乐部智商 130 的入门门槛。也就是说，门萨俱乐部的标准是五十挑一。

我有一个朋友是门萨俱乐部成员，她的智商是 145。这意味着，她的智商处于全球前 0.14%，相当于千里挑一。

这就是标准差，标准差是用来衡量群体差异性的重要工具。

缩小该缩小的差异性

上一节，我分享了如何使用"方差"和"标准差"来测量数据的差异性。这一节，我们要正式开始讨论这些测量差异性的办法对经营企业、管理团队、制造产品有什么意义。

其实，很多时候，管理就是缩小该缩小的差异性。

这句话听上去有点让人摸不着头脑：什么叫缩小"该"缩小的差异性？什么差异性是"该"缩小的？

很多。我们甚至可以说，大部分管理工作其实都是在缩小差异性。

开车还是坐地铁

今天，你公司最重要的客户来访。他要对你公司进行考察，以此来决定未来一年是否合作。这对你公司至关重要，甚至影响到公司的生死存亡。

但是，不巧的是，早上起床后，你家里发生了一件非常紧急的事情，你不得不处理。处理完后，你一看表，发现离客户到公司只有 110 分钟了，而此时你还没出门。怎么办？

你必须想尽一切办法，尽快赶到公司。现在你有两个选择：开车或者坐地铁。根据以往的经验，不管是开车还是坐地铁，从你家到公司都是平均 72 分钟。看上去来得及啊，那选开车或者坐地铁都可以吧？

这时，敏感的你一定注意到"平均 72 分钟"里可怕的"平均"二字了。

管理特别怕"平均"，这两个字就像美颜相机里的磨皮功能一样，磨平了所有差异。

我们来看看开车和坐地铁"平均 72 分钟"的差异性。正好，你统计了前几次从家去办公室的数据，如表 5-5 所示。

表 5-5　前几次抵达办公室的数据

	1	2	3	4	5	平均数	方差	标准差
开车	50	100	100	60	50	72	536	23.15
开车差异	−22	28	28	−12	−22	N/A	N/A	N/A
坐地铁	73	70	75	72	70	72	3.6	1.90
坐地铁差异	1	−2	3	0	−2	N/A	N/A	N/A

　　刚刚复习过平均数、方差、标准差的你立刻就能理解：虽然平均时间都是 72 分钟，但是开车单次抵达时间的差异性比坐地铁大得多。开车的标准差是 23.15 分钟，而坐地铁的标准差是 1.90 分钟。

　　根据上一节讲的正态分布，开车抵达办公室的时间有 68.27% 的可能性会在平均值 ±1 个标准差范围内，即 72 ± 23.15 分钟，也就是 48.85 ～ 95.15 分钟。而坐地铁呢？有 68.27% 的可能性会在 72 ± 1.90 分钟之内到，也就是 70.10 ～ 73.90 分钟。

　　开车最多需要 95.15 分钟，坐地铁最多需要 73.90 分钟，而你有 110 分钟，所以，看上去还是都可以啊，虽然开车时间稍微紧张了一点。

　　但是，你要注意，这是一个标准差。一个标准差的概率范围是 68.27%，还有 31.73% 的概率比这个时间范围早或者晚。如果早到，那么算赚了，但还有约 15.87% 的可能性是要迟到的。你能接受吗？你能接受有约 15.87% 的概率公司会倒闭吗？

好像不行。有约 15.87% 的概率公司会倒闭，这太刺激了。

好，那我们试试 2 个标准差。

2 个标准差意味着开车抵达办公室的时间有 95.45% 的可能性在 72 ± 46.30 分钟范围内，也就是 25.70 ～ 118.30 分钟。你看，当你追求大约 95% 的确定性时，只能保证在 118 分钟内抵达。但是会议 110 分钟后就开始了，所以，这个时间是不可接受的。

而坐地铁有 95.45%（2 个标准差）的可能性在 68.20 ～ 75.80 分钟内抵达办公室。如果你还是不放心，想有 99% 的确定性呢？别担心，坐地铁有 99.73%（3 个标准差）的可能性在 66.30 ～ 77.70 分钟内抵达办公室。你永远可以相信地铁。

开车与坐地铁在标准差范围内波动的抵达时间如表 5-6 所示。

表 5-6　开车与坐地铁在标准差范围内波动的抵达时间

	可能性	开车	坐地铁
1 个标准差的波动	68.27%	48.85 ～ 95.15 分钟	70.10 ～ 73.90 分钟
2 个标准差的波动	95.45%	25.70 ～ 118.30 分钟	68.20 ～ 75.80 分钟
3 个标准差的波动	99.73%	2.55 ～ 141.45 分钟	66.30 ～ 77.70 分钟

同样是平均 72 分钟抵达办公室，开车导致公司倒闭的风险很大，而坐地铁，看上去除非有突发事件，否则怎么也不会迟到。

所以，我们说坐地铁的"质量"比开车高。

质量的本质就是标准差

为什么要让大家重新理解标准差这个数学概念？

因为只有理解了标准差，我们才能真正理解"质量"这个词在数学意义上的本质。

所谓"质量"，就是标准差；而所谓"质量高"，就是标准差小。

假设你是一家手机品牌商，新开发了一款前置摄像头手机，需要打孔玻璃，孔的直径是 7.2 毫米。这款手机对你来说非常重要，所以你找了两家代工厂（X 工厂、Y 工厂）试样。

很快，两家工厂各交回 5 块打好孔的样品，并告诉你：孔直径正好是平均 7.2 毫米。又见"平均"，心有余悸的你非常谨慎地测量了每一块玻璃，发现数据居然各不相同，如表 5-7 所示。

表 5-7　X 工厂和 Y 工厂的样品数据

	1	2	3	4	5	平均数	方差	标准差
X 工厂	5	10	10	6	5	7.2	5.36	2.32
X 工厂差异	-2.2	2.8	2.8	-1.2	-2.2	N/A	N/A	N/A
Y 工厂	7.3	7	7.5	7.2	7	7.2	0.036	0.19
Y 工厂差异	0.1	-0.2	0.3	0	-0.2	N/A	N/A	N/A

看了这组数据，你一定会立刻觉得：X 工厂真是坑人啊，5 毫米、10 毫米、10 毫米、6 毫米、5 毫米，没有一个数据在

7.2 毫米附近。你一算，发现标准差是 2.32 毫米。

你对手机进行了一定的容错设计，孔直径为 7.2 ± 0.3 毫米都可以安装，但是 X 工厂的产品标准差实在太大，以至于没有一个样品在容错范围内，都不能使用。

而 Y 工厂的样品中，最小的数据是 7 毫米，最大的数据是 7.5 毫米，都在 7.2 ± 0.3 毫米的容错范围内。再一算，标准差果然很小，只有 0.19 毫米。所以，Y 工厂的打孔玻璃都可以用。

你会和哪一家工厂合作？当然是 Y 工厂。因为 X 工厂的标准差太大，以至于最后的良品率是 0，而 Y 工厂的标准差控制得很好，良品率是 100%。同样是生产打孔玻璃，显然，Y 工厂生产的打孔玻璃质量更高。

所以，什么样的产品质量更高？标准差更小的产品质量更高。因为标准差越小，产品质量越稳定；产品质量越稳定，产品质量也就越高。

为什么商用产品通常比家用产品贵，比如家用路由器售价是 500 元，而商用路由器售价却是 1000 元？是因为商用路由器用了更漂亮的铝合金外壳吗？不是。是因为商用路由器核心元器件的标准差更小，性能更稳定，质量更高。

把 10 000 个质量更高的核心元器件放在一起，你会发现它们的规格、性能、稳定性几乎完全一样，你遇到故障的概率接近于零。这样的路由器在公司运行一年，你几乎感觉不到它的存在。而家用路由器由于受到价格的限制，采用的核心元器件通常更便宜，所以稳定性不高，几天就要重启一下。这样的路由器在家里用一用是可以接受的，但是在公司里没法用，因为公司的路由器一旦坏了，几百人就没法干活了。

所以，公司采购路由器时，会买质量更高的。

但是，质量更高的路由器通常也会更贵，因为把标准差控制在更小的范围内要付出更高的成本，比如要安装更加精确操控的机械手、更加精准控制的传送带、更加精密的标准件等。贵的不一定质量高，但是质量高的通常都很贵。

同样，为什么军用产品通常比商用产品更贵？

因为军用产品对标准差的要求更高。某个供应商做了一批防弹衣，想卖给军方。供应商说："我们这个防弹衣的厚薄不均，标准差有点大，100件里面可能会有2～3件挡不住子弹。但是别担心，我们的便宜。"你猜军方会买吗？军方可能会让供应商穿上自己做的防弹衣，一件件进行实弹测试，直到把那2～3件挡不住子弹的防弹衣找出来。

所以，作为创业者，我们不仅要研究这一次如何"做得不一样"，更要研究每一次如何"做得都一样"。

缩小产品的标准差，是创业者永恒的课题。

其实，不仅产品如此，个人也是如此。

什么样的人"质量"更高？标准差更小的人，"质量"更高。

某人参加了五场比赛，五次得分分别是 50 分、100 分、100 分、60 分、50 分。那么，这个人的比赛成绩"质量"不高。就算"拿过两次 100 分"这件事能吹一辈子，我们也不能送他去参加真正重要的赛事，他不是一个"比赛型选手"。

这个人可能会觉得很委屈：为什么啊？我只是没发挥好而已。其实，之所以发挥不好，是因为他容易受各种独立的随机因素的影响，这导致他的成绩波动很大。奥运选手之所以要进行大量训练，一个很重要的原因就是训练能让他们学会控制那些外部微小的独立随机因素，让自己的成绩逐渐稳定下来。只有不受干扰、成绩稳定的选手，才是能为自己和团队赢得荣誉的"比赛型选手"。而"比赛型选手"就是成绩的标准差小的选手。

员工也一样。有时候，我们会说某个员工"很靠谱"。什么叫靠谱？靠谱指的也是标准差小。

你要求员工准时上班，但是，有一个员工有时早到，有时晚到。你提醒他，他却说："我平均准时了。"平均来看，他的确是准时的，他的工作时间并没有减少。但是，那些重大项目，比如按火箭发射按钮，你会让他去做吗？不会，因为这个员工不靠谱。

领导也一样。英文中有一个词叫"Predictable"（可预测的），它是评价管理者的一个重要标准。我们说一个管理者"Predictable"，指的是员工总能预测老板的决策。老板的决策越是可以预测，他就越是一个好老板。

这可能和一些人的认知截然相反：啊？老板难道不是应该英明到想法完全出乎员工的预料，但又令人拍手称赞吗？

不是的。出主意可以出人意料，做决策不能这样。员工总是希望能明确地了解到：我做这件事情，老板会支持还是反对？你做那件事情，会受到奖励还是惩罚？他的那个行为，是超越了红线，还是可被接受？

一个捉摸不定的管理者，面对同一个问题，每次的决策都不一样，听上去总有道理，但是彼此矛盾。高兴时，小事都能夸上天；不高兴时，再大的功劳都无动于衷。这样，员工就无法预测下一次做同样的事情会有什么后果。这样的管理者就是"Unpredictable"（不可预测的）。

不可预测的管理者，决策的标准差很大，让人捉摸不透。于是，为了保护自己，员工从不自己做决定，每件事都要先问一问老板。这样一来，员工很辛苦，老板更辛苦，而公司的管理效率却很低下。

不可预测的管理者，就是不靠谱的管理者。他比不靠谱的员工更危险，因为不靠谱的员工有人管，而不靠谱的管理者常常不自知。

以后，当你听到"差不多就行了""大概就这样吧"时，不管是别人说的，还是自己说的，都要警觉。"差不多""大概"是标准差的大敌。这么说的人很可能是个不靠谱的人。

靠谱，就是想尽一切办法降低自己的标准差，给别人以确定性。

那么，怎样才能降低标准差，使产品质量提高，使个人变得靠谱呢？

如果你理解了质量的数学本质是标准差，你就会自然而然地明白：提高质量只有一个办法，那就是持续改进。

持续改进

持续改进听上去像是"鸡汤"，但是，我以我数学系毕业的背景告诉你：这不是"鸡汤"。

我们都知道，标准差控制不住会导致产品的差异性增大，最后质量不高。那么，造成这一问题的根本原因是什么？是大量独立的随机事件，比如员工的头发掉进了正在挤牛奶的罐子里，盒子在流水线上卡住了，走路带来的振动使打孔机钻头偏了 0.1 毫米，拧螺丝时因为疏忽少拧了半圈，等等。

这些独立的随机事件，理论上不可穷举。每一个事件都会以某种方式影响产品质量，这些影响叠加起来，有的被抵消了，有的增强了，在相互作用下，它们最终变成了让人头疼的差异性，也就是标准差。没有被控制住的独立的随机事件越多，标准差越大，质量就越差。反过来说，对独立的随机事件控制得越好，标准差越小，质量就越高。

标准差控制到什么程度才叫"好"呢？我们通常用

DPPM（Defective Parts Per Million，百万不良数）来衡量标准差控制的好坏，如表 5-8 所示。

表 5-8　西格玛水平与 DPPM

西格玛水平	没有偏移		偏移 1.5σ	
	合格率	DPPM	合格率	DPPM
1	68.27%	317 300	30.23%	697 700
2	95.45%	45 500	69.13%	308 700
3	99.73%	2 700	93.32%	66 800
4	99.993 7%	63	99.379 0%	6 210
5	99.999 943%	0.57	99.976 7%	233
6	99.999 999 8%	0.002	99.999 66%	3.4

今天，很多全球最优秀的企业都把"六西格玛"当成自己的质量标准。这个标准非常"变态"。如果一个手机厂商一年的出货量是 1 亿部手机，六西格玛的质量标准相当于只允许最多 340 部手机出问题。如果手机厂商的品控能达到这种程度，那它在全国都不用设维修点了，谁买到问题手机，别修了，直接给他寄新的。

要把影响标准差的独立的随机事件控制到这种程度，没有任何拿来就能用的方法，只能发现一个独立的随机事件就消灭一个，做到持续改进。

全球最知名的持续改进方法是六西格玛管理（Six Sigma Management）。六西格玛管理的核心是一套被称为"DMAIC"

的管理工具。

"DMAIC"是五个英文单词的缩写。

D（Define，定义）：定义质量问题。

M（Measure，测量）：收集有关质量问题的测量数据。

A（Analyze，分析）：分析数据，发现导致问题的主要原因。

I（Improve，改进）：针对原因进行改进。

C（Control，控制）：监控改进结果，不断循环。

我年轻时专门去美国学过六西格玛管理，但我没打算把这本书写成六西格玛管理的教材。如果你想学习六西格玛管理，你可以自己找书来看，或者找课去上。在这里，我只希望大家记住下面三句话。

第一，"变态"的质量，源于"变态"的过程管理。

第二，看似简单的"DMAIC"，不断循环，会有奇效。

第三，产品的稳定性比客户的表扬信更重要，服务确定性比各种新花样更重要。

那么，是不是标准差就是一个坏东西，我们见到它就要消灭它呢？

也不是。

在质量管理上，在员工的靠谱度上，在老板的可预测性上，标准差应该越小越好（见图 5-1）。但是，在另外一些时候，差异性该扩大就要扩大。

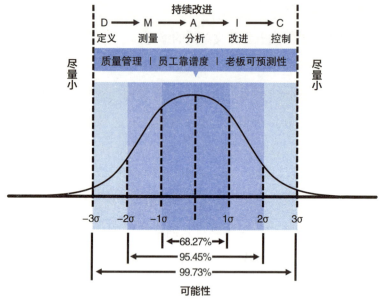

图 5-1　缩小该缩小的差异性

绘图：华十二。

扩大该扩大的差异性

什么时候应该扩大差异性呢？

很多科技公司尤其是外企都有一种非常重要的文化，英文叫"Diversity"，翻译成中文是"多样化"。从本质上来说，多样化就是有差异性。

我刚进微软时曾接受过培训，培训老师告诉我，在微软有一个原则：上下三级不能来自同一所学校。比如我是南京大学毕业的，如果我的上级也是南京大学毕业的，那么，我在招聘时就要尽量避开南京大学的毕业生。

第一次听到这个原则的时候，我很震惊：这个原则也太"奇葩"了吧，毕业于同一所学校的人不是更有共同语言吗？协作不是更顺利吗？

后来，我经常到美国出差，和一些美国同事交流时，我发现了更"奇葩"的事情。

有一个同事说，他最近很苦恼，他想招一个牛人到自己的团队，但是人力资源说他团队里都是男生，新招募的员工最好是女生，让他再看看有没有合适的女性应聘者。

这件事同样让我震惊：招人难道不应该唯才是用吗？如果适合这个职位的大都是男生，为什么一定要优先招募女生呢？为什么要追求这种形式主义的差异性呢？

后来我逐渐理解了，那是因为：差异性 ≈ 创造力。

差异性 ≈ 创造力

有科学家曾经对一些不了解中国文化的欧裔美籍大学生做过一个试验⊖，他们把被测试者分成四组，并分配给他们不同的任务。

第一组：看一个 45 分钟的中国文化 PPT；

第二组：看一个 45 分钟的中美文化混搭的 PPT；

⊖ 黄林洁琼，刘慧瀛，安蕾，等. 多元文化经历促进创造力［J］. 心理科学进展，2018，26（8）：1511-1520.

第三组：看一个 45 分钟的美国文化 PPT；

第四组：没有 PPT。

之后，他们让被测试者分别为土耳其儿童写一个创造性版本的灰姑娘的故事。结果发现，第二组（也就是中美文化混搭组）的故事更有创造力。而且，这种创造力在后来的 5 ～ 7 天内持续增强。

这种文化差异给人带来的冲击，我亲身感受过。

2000 年，我第一次去美国。那时候，出国不像现在这么平常，所以很多朋友都让我帮他们代购商品，当时我代购最多的是鼠标、鱼油、化妆品。

周末，我到一家购物中心的化妆品专柜，按照清单买了几样东西，一共是 92 美元。我很自然地从钱包里拿出一张 100 美元和两张 1 美元递给售货员。我非常"正常"地期待一件事：找我 10 美元。

但是，让我大为震惊的事情发生了。

那位美国售货员看着我递给她的三张纸币，一脸茫然。她先把 2 美元还给我，说"不需要"，然后把我买的东西给我，说"这些一共是 92 美元"。接着，她给了我一张 5 美元，说"97 了"，再一美元一美元地数给我："98，99，100，好了。"

我结结实实地被差异性教育了一番。

在我心目中，买 92 美元的商品，付给售货员 102 美元，是给人方便。因为，对方只要找我 10 美元——一个"整数"

就好了。

但是，在那位售货员心目中，用购买商品的 92 美元加上找零的 8 美元得到的 100 美元才是"整数"。你给我 100 美元，我还你 100 美元，两清。

那么，谁是对的呢？其实，没有对错，只有差异。这种差异无处不在，但如果不是真的遇到了，我可能永远不会知道，这个世界上还存在着这样的差异。

所以，为什么上下三级不能是同一所大学毕业的？

因为太相似。大家被同样的校风熏陶，受同样的价值观影响，听同样的老师讲课，因此，遇到问题时，大家的解题思路、决策方法甚至说的笑话都几乎一样，彼此之间太缺乏差异性。

那么，对企业来说，到底应该尽量缩小差异性，还是尽量扩大差异性？这要看它处于什么阶段了，如图 5-2 所示。

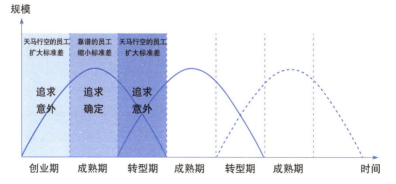

图 5-2　处于不同阶段的公司对员工的要求不同

在创业期，没有人知道怎么做是对的。对于这一阶段的企业来说，尽量快地、尽量低成本地尝试尽量多的可能性非常重要。这时，如果所有员工都像是一个模子里刻出来的，企业很可能会在一条道上走到黑。因此，企业应该尽量扩大团队的差异性，即使员工的想法再天马行空也不怕，因为很多时候创新就是旧元素的新组合，来自意外。

到了成熟期，企业的产品基本定型了，团队基本稳定了，商业模式也差不多搭好了。这时，企业当然还是要允许犯错，但是已经犯过的错，最好不要再犯了。在这一阶段，企业应该用制度来降低经营风险，用流程来提高执行效率，拒绝别出心裁，那些动不动就谈战略的员工，最好解雇了。对于处于成熟期的企业来说，最重要的是确定性。

到了转型期，世界发生了天翻地覆的改变，企业原来赖以生存的逻辑不成立了，一切似乎都要重来，但是路在何方，没有人敢说一定知道。在这一阶段，企业似乎又回到了创业期，但是背负着成熟期的枷锁。找到与企业现有员工完全不一样的人，突然变得如此重要，因为只有全新的人才能碰撞出全新的思路，创造出全新的意外。

所以，总体来说，处于创业期和转型期的企业需要差异性大的员工，而处于成熟期的企业，多用相似的人更有助于降低管理成本。

用基尼系数激发员工斗志

企业在文化、知识结构、性别上要尽可能地扩大差异性，那么，在薪酬上应该尽量缩小差异性还是扩大差异性呢？

这就涉及有关差异性的另一个著名概念——基尼系数。

很多人都听说过基尼系数，知道基尼系数是用来衡量一个国家的贫富差距的，但是他们或许没有想过，基尼系数也可以用来衡量公司内部的"贫富差距"。

而且，基尼系数还可以直接作为企业的"斗志指数"。"斗志指数"低了，企业中将全是"小白兔"，这时，你需要修改激励制度，把"斗志指数"调上来，把"小白兔"变成"明星"；"斗志指数"高了，企业中会出现大量"野狗"，这时，你同样需要优化激励制度，把"斗志指数"压下来，让"野狗"回归理性。

基尼系数这么有用？那什么是基尼系数？

基尼系数是由意大利学者科拉多·基尼（Corrado Gini）在 1912 年提出的。基尼系数是一个介于 0 ～ 1 的数，一个国家的基尼系数越接近 0，这个国家的财富越平均；越接近 1，财富越集中。

可是，既然这个指标是用来衡量"差距"的，为什么不用我们前面讲过的方差或者标准差，而是发明一个新概念呢？

因为方差、标准差无法比较两个差异性很大的组织之间的差异性。

举个例子。

有两家公司，X 公司在日本，Y 公司在美国，它们的员工年薪如表 5-9 所示，只不过 X 公司的员工年薪以日元为单位，Y 公司的员工年薪以美元为单元。

表 5-9　X 公司与 Y 公司员工年薪

	1	2	3	4	5	平均数	方差	标准差
X 公司员工年薪（万日元）	50	100	100	60	50	72	536	23.15
Y 公司员工年薪（万美元）	70	70	72	73	75	72	3.6	1.90

通过一些简单的计算，我们可以知道 X 公司员工年薪的标准差是 23.15 万日元，Y 公司员工年薪的标准差是 1.90 万美元。

X 公司的 23.15 万日元约等于 1185 美元，远低于 Y 公司的 1.90 万美元，所以，X 公司的标准差小于 Y 公司，X 公司的差异性更小。但是，你再仔细看看表 5-9，会发现 X 公司的"贫富差距"明显更大。

所以，当两个组织在人数、基本收入的数量级等各方面都有很大差异时，标准差很难衡量这组数据的差异性。这时，基尼系数就可以发挥其价值了。

基尼系数的计算是一个复杂的过程，如果你对计算不感兴趣，请直接跳到"好了，不爱看计算过程的同学，可以从这里继续了"那一段。

下面我们开始计算：

计算基尼系数的第一步是把所有人的收入从低到高排列，比如，X 公司的员工年薪从低到高排序是 50，50，60，100，100。

第二步，逐个累计相加，计算出"工资累计"。工资累计指的是最低 1 个人的收入、最低 2 个人的收入总和、最低 3 个人的收入总和……最终得出一个数列。X 公司的工资累计是 50，100，160，260，360。

第三步，用这些工资累计分别除以所有人的工资总和（X 公司的工资总和是 360），得出百分比，如表 5-10 所示。

表 5-10　X 公司和 Y 公司的工资累计占比

X 公司的 工资分配	工资累计	累计占比	Y 公司的 工资分配	工资累计	累计占比
50	50	13.89%	70	70	19.44%
50	100	27.78%	70	140	38.89%
60	160	44.44%	72	212	58.89%
100	260	72.22%	73	285	79.17%
100	360	100%	75	360	100%

这"一顿操作猛如虎"的目的是什么呢？通过一系列计算，用"数值差"来表示差异性，就转化成了用"比率差"来表示差异性。这个转化非常重要，因为它抹平了除"内部相对差异性"之外的所有外部因素。你仔细看一下 X 公司的"比率差"分布和 Y 公司的"比率差"分布，会发现最大值都

统一到了 100%。这是一个非常了不起的转化，我们终于可以比较两个组织的内部相对差异性了。

第四步，是把这两组"比率差"的 5 个点分别标示在同一张图上，并拟合成线（黑色线为 X 公司，灰色线为 Y 公司），如图 5-3 所示。

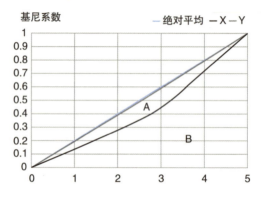

图 5-3　X 公司与 Y 公司的洛伦茨曲线

这两条线就是著名的洛伦茨曲线（Lorenz curve）。洛伦茨曲线就像一把弓一样，弓拉得越满，就表示内部相对差异性越大。X 公司的"弓"比 Y 公司拉得更满，所以 X 公司的内部相对差异性或者说贫富差距更大。

第五步，测量洛伦茨曲线和蓝色的绝对平均线之间的面积（如图 5-3 中的 A）。用 A 的面积除以整个右下角的三角形的面积（A+B），就得到一个介于 0 ～ 1 的数。

好了，不爱看计算过程的同学，可以从这里继续了。

这样计算出来的基尼系数能非常有效地展示组织的"贫富差距"（内部相对差异性），不同的数值代表不同的贫富差距水平：

- ▶ 低于 0.2，表示指数等级极低（高度平均）；
- ▶ 0.2 ～ 0.3，表示指数等级低（比较平均）；
- ▶ 0.3 ～ 0.4，表示指数等级中（相对合理）；
- ▶ 0.4 ～ 0.6，表示指数等级高（差距较大）；
- ▶ 0.6 以上，表示指数等级极高（差距悬殊）。

现在问题来了：员工收入的基尼系数是高好还是低好？

其实，高和低都有问题。

如果员工收入的差距小，内部相对差异性比较平均（基尼系数为 0.2 ～ 0.3），甚至高度平均（基尼系数为 0.2 以下），意味着努力的员工和不努力的员工收入很可能差不多。这对一家公司来说是非常危险的，因为它会带来著名的"死海效应"。弱者的收入和强者差不多，意味着弱者在占强者便宜，强者一定不甘于此。如果公司不能改变现状，本来就拥有更多选择的强者很可能会离开。渐渐地，公司里的强者越来越少，员工的收入更加平均。最后，员工会趋于相似，公司如同一片死海，水面上没有一丝波澜，甚至没有一点生命的气息。

基尼系数低于 0.3 是有问题的，低于 0.2 是危险的，但

员工收入的贫富差距大、内部相对差异性大（基尼系数为
0.4～0.6），甚至差距悬殊（基尼系数为 0.6 以上），同样是危
险的，因为过大的贫富差距会自然而然地造成阶层对立。员
工会骂老板"吸血"，消极怠工；老板会觉得员工不努力，必
须严管。

0.4 是基尼系数的警戒线，高于 0.4 会造成两极分化，高
于 0.6 则可能会带来严重对立。

现在，你一定明白为什么要用基尼系数来衡量员工收入
的内部相对差异性，以及为什么基尼系数可以作为"斗志指
数"了。因为不患寡而患不均。一定程度的不均，能激发斗
志；但是过于不均，会打击斗志。

所以，作为管理者，将员工收入的贫富差距控制在合理
的范围内是非常重要的。而基尼系数量化了合理范围。按照
百年来的企业经营管理经验，基尼系数为 0.3～0.4 是相对合
理的。

如果你说"我公司是'狼性文化'"，那好，你公司的基
尼系数可以略高于 0.4。但是如果高于 0.6，你在公司里看到
的可能就不是"斗志"了，而是"内斗"。

去算算你公司的基尼指数吧，看看你公司的"斗志指数"
如何，是否需要调整。

结语

这一章，我们用数学语言讨论了差异性。衡量差异性有两个非常重要的工具：方差和标准差。我们还介绍了本来用于宏观经济分析但被借用到公司管理中的基尼系数。

其实，很多时候，我们是能感受到差异性的。那为什么还要用数学来对其进行量化呢？因为只有量化了的差异性，才是能比较的差异性，才是能改进的差异性，才是能作为健康指标的差异性。

方差、标准差是统计学的基本概念。下一章，我们要讲的正是概率与统计。

我们下一章见。

第 6 章

概率与统计

看清创业的真相，依然热爱创业

终于讲到概率与统计了。

在第 1 章中，我们就讲到了概率；在第 3 章中，我们将五维思考的第五维称为概率维；在第 5 章，我们又讲了方差和标准差这两个统计工具，为讲概率与统计进行了铺垫。现在，我们要用一整章来专门讲概率与统计。为什么？虽然我们热爱确定性，但是这个世界是由随机性、不确定性、风险和运气构成的。不能正确理解概率与统计，就不能正确理解这个世界。

概率与统计是高中数学和大学数学都有的课程。不过，在这一章里我们用来研究商业世界、指导创业的概率与统计，只需要用到高中的数学知识。

概率思维是高手和普通人的分水岭

什么是概率？什么是统计？

概率是针对个体的概念，用来衡量一件事情将要发生的可能性的大小。对于好的事情，概率衡量的是运气的好坏；

对于坏的事情，概率衡量的是风险的大小。比如，我能创业成功的概率（运气）大吗？电动汽车出故障的概率（风险）小吗？

统计是针对群体的概念，用来计量一群样本满足条件的比率的大小。对于多的事情，统计计量的是普遍的幅度；对于少的事情，统计计量的是稀缺的程度。比如，喜欢汉服的用户比率大（普遍）吗？市场上懂人工智能的人才比率小（稀缺）吗？

要用概率与统计看清创业的真相，就要透彻理解以下三个重要概念：数学期望、大数定律和条件概率（见图 6-1）。

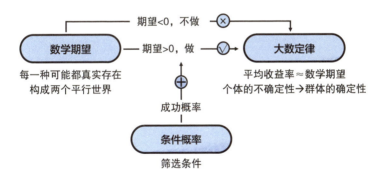

图 6-1　数学期望、大数定律和条件概率

绘图：华十二。

永远要选数学期望高的选项

很多人都听说过"数学期望"，但是数学期望的本质是什么？

得到 App 的创始人罗振宇在"时间的朋友"跨年演讲中讲过一个故事：假如现在有两个按钮，按下红色按钮，你可以直接拿走 100 万美元；按下蓝色按钮，你有一半机会可以拿到 1 亿美元，但还有一半机会你什么都拿不到。你会按哪一个按钮？

有人会想，二鸟在林，不如一鸟在手。按红色按钮，直接拿走 100 万美元，落袋为安。有人会想，人生能有几回搏。按蓝色按钮，万一拿到 1 亿美元，人生的"小目标"不就实现了吗？听上去，两种选择都有道理。

那么，到底按下哪一个按钮，不是"听上去有道理"，而是"数学上正确"呢？

这时，你就要理解"数学期望"这个概念了。

选红色按钮，你可以得到确定的回报（100 万美元）。可是选蓝色按钮，你是否能得到 1 亿美元这个结果是不确定的，是有概率的。我们在第 3 章的"五维思考"中已经讲过，行为≠结果，这个世界的真相是：行为 × 概率 = 结果。

所以，你评估蓝色按钮的价值时，要把概率当成折扣率，也就是说，诱人的 1 亿美元是要打折扣的。你拿到 1 亿美元的概率是 50%，由此得出按下蓝色按钮的奖励为：1 亿美元 × 50% = 5000 万美元。所以，你对蓝色按钮的期望是 5000 万美元。

这就是数学期望。

你可能会说："这真是书呆子的无聊游戏。要么是 0，要么是 1 亿美元，只有这两种可能。不管怎么期望，也永远不可能得到 5000 万美元这个计算（或者想象）出来的数字。真是脑子坏掉了。"

说实话，这就是为什么五维思考（第五维为概率维）如此困难。

三维，我们太熟悉了。四维（在三维的基础上，增加了时间维），我们也能理解。但是，概率作为一个维度，实在是过于抽象。人们通常都认为有就是有，没有就是没有，活着就是活着，死了就是死了，很难想象 50% 没有、70% 死了这样的状态。要理解这件事，确实是需要一些想象力的。

你试着这么想：在你按下蓝色按钮的那一瞬间，你的世界突然出现了两个平行世界。在其中一个平行世界里，你什么都没得到，仍然过着正常的生活；在另外一个平行世界里，你中奖了，得到了 1 亿美元，天啊，你的人生从此改变了，你过上了富豪的生活。

在这两个平行世界里，确实要么是 0，要么是 1 亿美元，没有一种状态是 5000 万美元。但是，你的选择让未来所有平行世界里的你平均获得了 5000 万美元。

这就是哥本哈根学派对平行世界的解释。哥本哈根学派认为：每一种可能的结果都是真实存在的，并构成一个子世界。

从这个意义上来说，平行世界是概率论的物理呈现，而概率论是平行世界的数学抽象。能理解概率论和平行世界之间的关系，就能理解为什么我们说概率是高于"时间"的第五个维度。

回到故事中的红色按钮和蓝色按钮，它们的数学期望分别是：

▶ 红色按钮：100 万美元 × 100% = 100 万美元
▶ 蓝色按钮：1 亿美元 × 50% = 5000 万美元

为未来所有平行世界的你着想，你会选择 100 万美元，还是 5000 万美元呢？

如果选了蓝色按钮，结果什么都没得到呢？

那就愿赌服输。因为你不幸地进入了一无所获的那个平行世界。但同时，另一个平行世界里的你幸运地得到了 1 亿美元，正在计划如何改变世界，祝福那一个"你"吧。

所以，在一个无限游戏中，永远要选数学期望高的选项，即使这个选项未必能为你带来成功。正因为如此，篮球界有一句话：用正确姿势投丢的球比用错误姿势投进的球更有价值。

理解了数学期望这个概念，你不仅能做出"艰难的决定"，还能在"实验"中胜出。

举个例子。有一次，你受邀参加了一个实验，这个实验的全名很长，叫"带编号的立方体重复性概率实验"。

实验的方法是：主持人把三个带有 1 ~ 6 编号的立方体放在一个暗盒中，然后将暗盒连同三个立方体一起抛向空中，在接受大量独立随机事件（如方向、力度、风速、温度、碰撞、桌面塑造度以及接触点等）的充分影响后，立方体停在了桌面上。主持人给实验者一张专用表格（包含三个立方体顶面数字之和的所有可能情况及对应的倍数），请实验者选择把 1 枚实验币放在其中的一格，并与主持人确认不再更改。

然后，主持人打开暗盒，如果三个数字之和属于实验者选定的格子中的情况，他将会额外获得该格子指定倍数的实验币奖励。如果不属于，则这枚实验币会被收走。

理解实验规则了吗？

好的，现在主持人从这张表格上挑出 A 和 B 两格，其中 A 代表"大"（三个正方体顶面数字之和为 11 ~ 17，且三个数字不完全相同对应的倍数是 1 倍），B 代表"三个 6"（三个正方体顶面数字均为 6，对应的倍数是 149 倍）。然后，主持人问实验者：如果为了获得更多实验币，你会选哪一格？选 A，还是选 B？

我们来算一下选 A 和选 B 的数学期望。

选中 A 的概率是 48.61%[⊖]。如果实验者选中 A，获得的收益是 1 枚实验币；没有选中 A，收益是 −1 枚实验币，那么，选 A 的数学期望是：$1 \times 48.61\% + (-1) \times 51.39\% = -0.0278$。

这意味着，如果选 A，未来所有平行世界的你要平均亏

掉 0.0278 枚实验币。

选中 B 的概率是 0.46%[⊖]。如果实验者选中 B，获得的收益是 149 枚实验币；没有选中 B，收益是 −1 枚实验币，那么，选 B 的数学期望是：$149 \times 0.46\% + (-1) \times 99.54\% = -0.31$。

这意味着，如果选 B，未来所有平行世界的你要平均亏掉 0.31 枚实验币。

选 A 平均亏 0.0278 枚实验币，选 B 平均亏 0.31 枚实验币，选哪个？主持人问你。

你对主持人说：这两个都不能选。对不起，我退出实验。

这时，突然有很多科学家走进房间，向你鼓掌祝贺，你赢得了这项实验的奖金。因为当所有选项的数学期望都为负时，退出实验是唯一正确的选择。

你"救"了所有平行世界里的自己。

理解了数学期望之后，我们还要理解与之极度相关的一个概念——大数定律。

就像"指数增长"和"幂律分布"是一体两面一样，数学期望和大数定律也是一体两面。

让大数定律成为一种信仰

在转行做咨询之前，我在科技行业工作了很多年，很幸运地结识了大量科技行业的优秀人才，并与他们成为同事、

⊖ 计算过程如下：P（三个 6）$= 1/6 \times 1/6 \times 1/6 \approx 0.46\%$。

朋友。我开始做咨询之后，他们中有些人也离开了原来的公司，选择自己创业。创业这条路并不好走，而我恰好是做咨询的，因此，很多人会来找我聊聊，我也会给他们一些建议，甚至会参与一些项目的投资。出乎意料的是，我投资的第一个项目就获得了不小的收益——相对于投资额浮盈 20 倍。

有一次，我和五源资本（原晨兴资本）的创始合伙人刘芹聊起这件事。五源资本是中国最著名的风险投资机构之一，它投过的很多项目都获得了相当高的回报，如小米、快手等。刘芹向我分享了他的投资经历。

刘芹说自己的投资生涯分为三个非常明显的阶段。

第一个阶段，看到什么项目都觉得是好项目：哇，这个创始人太厉害了，这个项目太好了。每个创始人身上都有闪闪发光的点，每个项目都有独到之处。当然，有些项目的确成功了，但是更多的项目失败了。他很痛苦，开始怀疑自己的判断。

第二个阶段，看到什么项目都觉得有问题：这家公司的团队有问题，这家公司的产品有问题，这家公司的股权结构有问题，这家公司的市场定位有问题……其实，如果你想找问题，一定能找出各种各样的问题。面对数不清的问题，刘芹一直不敢出手。不出手虽然没有风险，但也没有收益。刘芹仍然很痛苦。经过很长一段时间的煎熬后，他进入了第三个阶段。

第三个阶段，他开始逐渐形成一套自己的投资原则。符合投资原则的公司，有再多的问题都是可以投资的；不符合投资原则的公司，即使创业者再闪亮也不碰。这套投资原则让他避开了很多坑，当然，也让他错过了不少好项目。但是，如果平均来看那些他运用这套原则投资所获得的收益，他的投资是成功的。

我听了之后，心里豁然开朗。

用数学语言来表述，刘芹的投资原则就是一个自己打磨出来的、极其宝贵的数学期望公式。每见到一个创业者，他就把创业者的情况代入这个数学期望公式算一下，如果算出来的数学期望为正，就投；如果算出来的数学期望为负，就不投。

那么，会不会出现这样的情况：数学期望为正的创业者最后创业失败了，而数学期望为负的创业者反而成功了呢？

当然会。但是，当你投了 10 个、100 个甚至 1000 个项目后，会发现这些"个体的不确定性"已经被逐渐抹平了，而"群体的确定性"慢慢浮现出来。最后，1000 个项目的平均收益是无限接近数学期望的。

这就是大数定律。

大数定律是概率论史上第一个极限定理，由著名数学家雅各布·伯努利（Jacob Bernoulli）提出。这个定理的表述有点拗口：随机变量序列的算术平均值，向各随机变量数学期望的算术平均值收敛。

你可能会说：听不懂啊。其实，简单来说，大数定律指的是：如果掷硬币得到正面的概率是 50%，那么，掷的次数越多，正面朝上的硬币出现的次数就越接近一半。

我可以列举一些数字让你更直观地感受：

▶ 你掷 1 次，可能有 0 次正面、1 次反面；

▶ 你掷 10 次，可能有 4 次正面、6 次反面；

▶ 你掷 100 次，可能有 43 次正面、57 次反面；

▶ 你掷 1000 次，可能有 480 次正面、520 次反面；

▶ 你掷 10 000 次，可能 4989 次正面、5011 次反面；

▶ 你掷 100 000 次，可能 49 999 次正面、50 001 次反面。

换成投资的场景，大数定律指的是：如果按照刘芹的投资原则选出来的创业项目的数学期望是 30% 的投资收益率，那么，他投资的创业项目越多，所有投资项目的平均收益率就会越接近 30%。

我再列举一些数字让你更直观地感受：

▶ 你投 1 个项目，投资的平均收益率可能会落在 -100% ～ 1000% 的范围内；

▶ 你投 10 个项目，投资的平均收益率可能会落在 -50% ～ 400% 的范围内；

▶ 你投 100 个项目，投资的平均收益率可能会落在 10% ～ 100% 的范围内；

▶ 你投 1000 个项目，投资的平均收益率可能会落在 20% ～ 80% 的范围内；

> ▶ 你投 10 000 个项目，投资的平均收益率可能会落在 25% ～ 35% 的范围内。

可见，平均收益率越来越接近数学期望。大数定律使个体的不确定性被转化为群体的确定性。

所以，到底什么是投资？

投资是一个数学游戏。那些专业投资人赚的从来都不是某个项目的巨额收益（个体的不确定性），他们赚的是 10 000 个甚至更多项目的平均收益（群体的确定性）。

而顶尖的专业投资人之所以顶尖，是因为他独有的投资原则的数学期望比其他人高，同时他对大数定律的信仰比别人强。

我问刘芹：你用了多少年才走到第三个阶段，找到自己的投资原则？

刘芹的答案是 15 年。

听完后，我做出了一个决定：除非特殊情况，我再也不直接投项目了。我投的这个项目能获得 20 倍浮盈，纯粹是上天赏饭吃，靠运气。想到这儿，我一身冷汗。

理解了一体两面的数学期望和大数定律之后，我们还需要理解一个同样重要的概念——条件概率。它的重要性一点也不比前两个概念低。

用条件概率提高成功的可能性

提问：为什么骗子听上去那么像骗子？

你接到一个电话，对方操着一种很奇怪的口音对你说："我是你领导，明天到我办公室来一趟。"

你一听就知道他是骗子，你甚至会觉得你不是在被骗，而是在被羞辱。或许你会想：骗子现在也太不敬业了吧，接受过培训吗？有成功率的考核吗？这么蹩脚的口音和骗术是拿不到年终奖的吧？

如果你有过这样的想法，那你实在是多虑了。蹩脚的骗术才是高明的骗术，为什么？因为骗术背后的数学逻辑是条件概率。

什么是条件概率？

我们把这个骗子的电话放到一边，先来做一道数学题，然后再来处理这个骗子。

这道数学题是：某个家庭有两个孩子，已知其中一个孩子是女孩，请问另一个孩子也是女孩的概率是多少？

这时，你一定会有很多心理活动：是 50% 吗？这应该明显不对，这道题不可能这么简单吧。25% ？也不对。那正确答案应该是多少呢？

要得到正确答案，我们可以这么想。

一对父母生出女孩的概率是多少？当然是 50%。现在我们来看题，这道题的第一句话是"某个家庭有两个孩子"，那么，两个孩子的性别搭配有四种可能性——男男、男女（兄妹）、女女、女男（姐弟），每种可能性的概率是 25%，如图 6-2 所示。

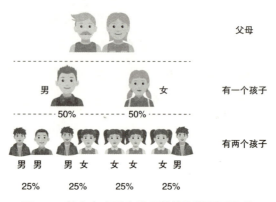

图 6-2 某个家庭两个孩子的性别搭配可能性

接着，关键的第二句话来了，"已知其中一个孩子是女孩"。这是一个条件，这意味着，我们算概率时要把不符合这个条件的样本去掉。在某个家庭两个孩子的四种性别搭配中，男女、女女、女男都符合"其中一个孩子是女孩"的条件，只有"男男"不符合。把这种情况排除掉，如图 6-3 所示。

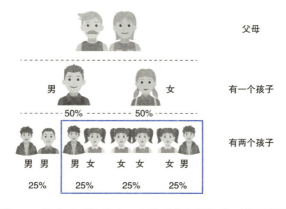

图 6-3 符合"已知其中一个孩子是女孩"的三种可能性

所以，下面的概率是在这个条件下计算的。计算什么？再看题：另一个孩子也是女孩的概率是多少？而符合"另一个孩子也是女孩"这种情况的只有女女。

于是，这道题就变成了三种情况（男女、女女、女男）中是女女这种情况的概率是什么，显而易见，是三分之一。

所以，这道题的答案是三分之一。

我这么解释一下，你是不是觉得显而易见？但是，这道题曾经难住了我们班所有人。

我大学读的是数学系，我们有一门课叫"概率与统计"。因为高中时大家都学过概率，所以这门课同学们听得都不太认真。看到这种情况，数学老师给全班出了一道数学题，就是上面这道题。我印象非常深刻，当时没有一个人做出这道题来。通过这样一道题，老师制服了我们班所有人。

为什么很多人会在这道题里绕不出来？因为计算女女概率的条件变了，不再是两个孩子（男、女），也不再是四种可能（男男、男女、女女、女男）。"已知其中一个孩子是女孩"这个条件将这道题变成了三种可能（男女、女女、女男），所以女女的概率变了。

这就是条件概率。

请问，中国有多少人会网上购物？如果你在超市里做问卷调查，概率可能是 30%。如果你在微信里做问卷调查，概率可能是 80%。如果你在淘宝做问卷调查，概率可能是

100%。这一切都因为条件变了。

现在，我们回到骗子的电话，继续讨论为什么骗子听上去那么像骗子。

我们先做一个假设：这个世界上有 20% 的人容易被骗（60% 的得手率），而另外 80% 的人很难骗（10% 的得手率），如图 6-4 所示。

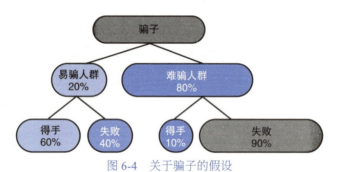

图 6-4　关于骗子的假设

绘图：华十二。

那么，骗子的总体得手率是多少呢？用数学期望来算，就是：20%（易骗）× 60%（得手）+80%（难骗）× 10%（得手）=20%。

得手率 20% 意味着骗子打 5 个电话能骗到 1 个人，看起来 "效率" 有点低。

那怎么办呢？要想办法增设一个条件，把那部分 "难骗人群" 筛选出去。而这个条件就是故意很像骗子。设定了这样的条件后，难骗人群听到奇怪口音感觉明显不是自己老板时，会很快挂掉电话，这样，骗子就不用在他们身上多费口舌了，而骗子真花时间去聊的人群随之缩小为 "易骗人群"，如图 6-5 所示。

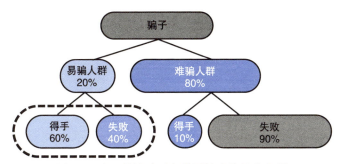

图 6-5　骗子的诈骗对象范围缩小为易骗人群

绘图：华十二。

这样，骗子的成功率就提升到了 60%，即打 5 个电话能骗到 3 个。

这彻底颠覆了人们的认知：听上去就像是骗子的骗子，行骗成功的概率提高了 3 倍！

这就是条件概率的威力。

条件概率不是骗子的独家武器，当它被用在正道上时，尤其是和数学期望、大数定律一起用于创业时，会发挥出难以想象的巨大作用。

创业就是管理概率

理解了数学期望、大数定律和条件概率后，我们看创业的视角就不一样了。

我们会站在第五维（概率维）的视角重新理解创业。我们可以先升到半空，俯视自己和他人创业的起起伏伏、生生死死，然后回到地面，坚持做正确的决定，以获得大概率的成功。

创业就是管理概率。

创业者的概率游戏，投资人的统计游戏

作为一个创业者，你融过资吗？你身边有朋友融过资吗？如果你融过资，或者你有朋友融过资，那么你大概率听说过天使轮、A 轮、B 轮、C 轮、D 轮、上市（IPO）等，甚至有可能你的公司正处于其中的某一轮。

但是，对于创业公司、对于投资机构，这一轮轮投资的本质是什么？

其实，从数学本质上来说，现代投资机构所采用的 ABCD 轮投资模式是用条件概率换取更大的创业或投资成功率。下面，我详细解释一下这个基于条件概率的递进式投资的创业风险管理机制。

1. 天使轮投资：排除产品风险

某一天，你突然有了一个绝妙的创业想法，你和几个小伙伴一说，大家都惊叹不已：天啊，这也太厉害了吧！瞬间，大家的创业热情被点燃了，每个人都信心满满：兄弟们，我们的时代来了！你写代码，我找客户，他做管理，就这么干，我们万事俱备了。

可是，就是没钱。

你开始到处找钱。这时，愿意给你钱、帮你迈出创业第一步的人就叫"天使投资人"。为什么叫天使投资人？因为虽然你心里觉得"这事不成还有天理吗"，但事实上，创业者的大部分想法是不靠谱的，只是创业者自己不知道而已。在这么不靠谱的时候，这些投资人却拿真金白银支持你，真的就像天使一样。

拿到天使轮投资，你正式走上创业之路，你开始组团队、做产品。

但是，是不是每个创业者都能成功组建团队，做出自己的产品呢？当然不是。有很多创业者在融资时说得天花乱坠，拿了天使轮投资后却做不出产品，或者做出的产品一塌糊涂；还有一些创业者缺乏领导力，很难吸引优秀的员工加入团队。这些都是"天使轮风险"。

如果天使轮的钱花得差不多了，产品还没有做出来，可能的风险就演变成了确定的现实。这时，你的创业之路就到头了。

反过来，如果你组建了出色的团队，做出了好产品，用户数量迅速增长，得到用户认可了呢？恭喜你，"天使轮风险"被排除，你有机会接受 A 轮投资了。

天使投资人用自己的眼光，从众多的创业者中，挑选出组建团队、做出产品成功概率较大（比如 50%）的团队，然后用真金白银支持他们做出产品来，供 A 轮投资人挑选，如

图 6-6 所示。

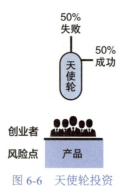

图 6-6 天使轮投资

绘图：华十二。

就像在"男女、男男、女女、女男"四种可能性中设置了"已知其中一个孩子是女孩"这样的条件一样，天使投资人也设置了"能组建团队、做出产品"这样的条件，把 10 万名创业者筛选到只有 1 万名，增加下一轮选中"时代宠儿"的可能性。

2. A 轮投资：排除收入风险

A 轮投资人的投资成功率是远远大于天使投资人的，因为天使投资的条件概率已经把创业者从 10 万名筛选到只有 1 万名。A 轮投资人感谢天使投资人的工作，所以会给这些被精选出来的项目较高的溢价（比如 3 ～ 5 倍的估值）。

然后，A 轮投资人用自己的眼光，从剩下的 1 万名创业者中挑选出创建收入模型成功概率较大（比如 50%）的团队，然后投入更多的真金白银，支持他们创造收入，供 B 轮投资人挑选，如图 6-7 所示。

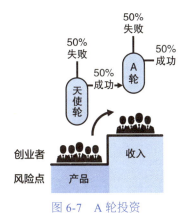

图 6-7　A 轮投资

绘图：华十二。

什么是收入模型？收入模型明确谁会购买你的产品，为什么而付钱，付多少钱，有多少人付钱。当你找到你的核心业务和关键因素，并产生持续、快速增长的收入时，说明你的产品被用户真正接受了。

A 轮投资人所做的事情，是通过设置"能创建收入模型"这个条件，把 1 万名创业者筛选到只有 1000 名，增加下一轮选中"时代宠儿"的可能性。

3. B 轮融资：排除盈利风险

同样，B 轮投资人的投资成功率也是远远大于 A 轮投资人的，因为 A 轮投资的条件概率已经将创业者从 1 万名筛选到只有 1000 名。B 轮投资人感谢 A 轮投资人的工作，所以会给这些被精选出来的项目较高的溢价。

然后，B 轮投资人用自己的眼光，从剩下的 1000 名创业者中，挑选创建盈利模式成功概率较大（比如 50%）的团队，然后投入更多的真金白银，支持他们真正盈利，供 C 轮投资人挑选，如图 6-8 所示。

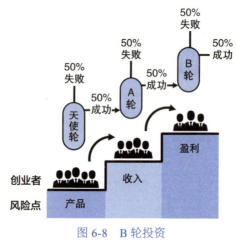

图 6-8　B 轮投资

绘图：华十二。

什么叫盈利模式？有收入不代表会有盈利，你能在一个单点上验证你的模式最终是赚钱的吗？在这一步，你要掌握一些核心资源，控制成本结构，理顺关键流程，建立围绕核心业务的支持系统，验证自己的商业模式。只有在单点（比如线下的一个城市、线上的一个用户群）上完全走通，才能赚到钱。

B 轮投资人所做的事情，是通过设置"能创建盈利模式"

这个条件，把 1000 名创业者筛选到只有 100 名，增加下一轮选中"时代宠儿"的可能性。

4. C 轮融资：排除运营风险

同样，C 轮投资人的成功率也是远远大于 B 轮投资人的，因为 B 轮投资的条件概率已经将创业者从 1000 名筛选到只有 100 名。C 轮投资人感谢 B 轮投资人的工作，所以会给这些被精选出来的项目较高的溢价。

然后，C 轮投资人用自己的眼光，从剩下的 100 名创业者中挑选出构建强大的运营能力成功概率较大（比如 50%）的团队，然后投入更多的真金白银，支持他们在全国扩张，供 D 轮投资人挑选，如图 6-9 所示。

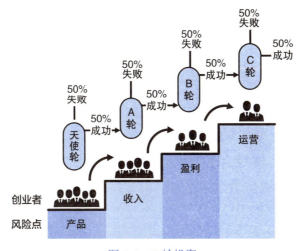

图 6-9　C 轮投资

绘图：华十二。

什么叫运营能力？你能把单点成功的商业模式扩张到线下的全国市场或线上的全网市场吗？你能管理迅速扩大的团队吗？这两个问题都体现了你的运营能力。在这一阶段，很多公司开始引入职业经理人、专业运营人才，以夯实基础，攻城略地，抢夺市场份额。但是，创业公司有数百上千家，最终能占据较大市场份额的必然是少数。这一轮战争是最惨烈的战争，百舸争流，只过几艘。正因为如此，"C 轮死"成了萦绕在创业者心头的魔咒，大批的创业公司会死在这一轮。

C 轮投资人所做的事情，就是通过设置"能构建强大的运营能力"这个条件，从 100 名创业者中挑出进入决赛圈的选手，将最优秀的创业者交给 D 轮投资人。

能走到 D 轮投资人面前的创业者，基本上已经是赢家了。D 轮投资人大多是为上市做准备的投资银行等机构。经过规范化、股改、业绩冲刺，创业公司终于满足了上市的要求，有机会在中国内地、中国香港、美国等地上市，公司的股票也从在一级市场交易变为在二级市场交易。

上市，意味着创业公司正式结束了一轮又一轮的"打怪升级模式"游戏，得到奖赏，进入无限的"地图探索模式"游戏。这时，大家举杯欢庆，但在短暂的庆祝之后，又立即出发。

这就是递进式投资的创业风险管理机制。这个机制的本质是每一轮投资人为下一轮排除风险，提高条件概率，并因此获益。

所以，什么是创业的真相？

创业的真相就是创业者的概率游戏、投资人的统计游戏。

在这个投资人的统计游戏中，投资人是有自己的策略的，也就是"数学期望＋大数定律"。这个策略用得好的投资人就是顶级投资人。

那么，对于创业者呢？在这个概率游戏中，创业者也有自己的策略吗？

当然。这个策略就是"贝叶斯改进"。

所谓高手，就是把自己活成贝叶斯定理

有一天，我在网上看到一句话：所谓高手，就是把自己活成贝叶斯定理。我当时就感叹：说这句话的人一定是数学系毕业的吧？说得太准确了。

创业者所做的事情就是管理概率，而管理概率最重要的工具就是贝叶斯定理。

在第 1 章，我们说创业成功的秘诀是"正确的事情，重复做"。可是，什么是"正确的事情"？正确的事情就是大概率成功的事情。那么，什么是"大概率成功的事情"呢？

这个世界上有没有一张表，能让我们查出来哪些事情是大概率成功的事情呢？

你知道的，并没有。

如果没有"大概率成功的事情速查表",那这句"正确的事情,重复做"不就是正确的废话吗?

当然不是。因为这个世界上虽然没有"大概率成功的事情速查表",但是,什么事情能大概率成功,是可以通过贝叶斯定理试出来的。试着试着,你就找到了只有你才知道的"正确的事情",并因此从所有创业者中脱颖而出。

那么,什么是贝叶斯定理?

我们先来看著名的贝叶斯公式:

$$\underset{\text{后验概率}}{P(A|B)} = \underset{\text{先验概率}}{P(A)} \times \underset{\text{调整因子}}{P(B|A)/P(B)}$$

我知道,这个公式看起来让人完全不知所云,但是不要怕,我会尽量用最简单的方式来解释。

举个例子。很多公司都特别关注用户的购买转化率。所谓购买转化率,指的是假如有 100 个用户看到商品详情页,有多少用户会下单购买。购买转化率是一种概率,我们称之为 P(A),其中,"A"指的是购买。我们现在假设,你公司当前的购买转化率是已知的——100 个用户看到商品详情页,有 2 个用户会买,P(A)=2%。因为 P(A)是已知的,所以叫先验概率。

某一天,员工甲突然提议:"我们要不要把商品详情页的头图都换成国风的啊?我们用过几次国风头图,感觉效果很好呢。现在年轻人喜欢国风，我们多用国风头图，购买转化率可能会上升呢。"

那么，问题来了：把头图换成国风的，有助于提升购买转化率吗？

用国风头图，就是动作"B"，而基于国风头图的购买转化率，我们用"P（A|B）"表示。那么，P（A|B）是否大于原来的转化率呢？

现在，你需要做一些复盘。

首先，你要算一下 P（B|A）。A 是购买，B 是用国风头图，所以，P（B|A）的意思就是在所有购买订单中，有多少单的商品详情页用了国风头图。运营经理立刻到后台查了一下，发现在上个月的 800 个订单中，有 450 单商品详情页用了国风头图，所以，P（B|A）= 450/800 = 56.25%。

然后，你还要算一下 P（B）。B 是用国风头图，所以，P（B）指的是在所有向用户展示过的商品详情页中，有多少用的是国风头图，也就是国风头图的使用率。运营经理又到后台查了一下，发现上个月用户一共点击了 4 万次商品详情页，其中有 1 万次用的是国风头图。所以，P（B）= 1 万 /4 万 = 25%。

再来计算调整因子。调整因子指的是动作 B（用国风头图）对结果 A（购买）的影响，其计算方法为：P（B|A）/P（B）。将这个案例中的调整因子带入计算可得：

$$P（B|A）/P（B）= 56.25\%/25\% = 2.25$$

所以，用国风头图对用户购买的影响是 2.25。

现在，我们完整带入贝叶斯公式：

$$P（A|B）= P（A）\times P（B|A）/P（B）= 2\% \times 2.25 = 4.5\%$$

也就是说，如果把所有头图都换为国风头图，你公司产品的购买转化率会从 2% 陡升到 4.5%。

这就是贝叶斯改进的价值。

你大喜过望。从此，你公司的购买转化率稳定在了 4.5%。你给员工甲发了一个大大的红包。

看到员工甲的大红包之后，员工乙说："老板，我对复购率的提升有个大胆的想法，不知当讲不当讲……"你赶紧在复盘会上计算、测试、推进。第二个月，你公司产品的复购率提升了 20%。你又给员工乙发了一个大红包。

然后，所有员工都开始给你写邮件了……

贝叶斯定理是条件概率的一个非常重要的推理。真正的高手每天都在用贝叶斯定理不断复盘、改进自己的流程，从而总结出那些"大概率会带来成功的事情"，也就是"正确的事情"，然后通过重复做这些正确的事情，在 ABCD 轮的每一轮竞争中战胜竞争对手，获得下一轮融资，最终赢得巨大成功。

这就是"正确的事情，重复做"。

　　不管是创业，还是投资，其最底层的逻辑都是数学。数学中的三大逻辑——数学期望、大数定律和条件概率，以及条件概率推演出来的"神器"贝叶斯定理，能有效地指导创业与投资，使你走向成功。

　　讲完概率这个针对个体、用来衡量一件事情将要发生的可能的概念，我们还必须讲讲统计这个针对群体、用来计量一群样本满足条件的比率的概念。

　　没有统计的"眼睛"，你的世界无时无刻不在向你"撒谎"。

利用统计识别商业谎言

　　在数学这个严谨的学科里，统计可能是最容易不严谨的一部分，因为它很容易被误解，甚至被操纵。

　　在这一节里，我不打算手把手地教你如何做统计。作为创业者，你更重要的工作，可能是看别人的统计数据。所以，我想分享三个典型的统计谬误，帮你看清楚统计数据中看似正确的谎言，帮你擦亮眼睛，使你更清晰地洞察商业世界。

　　这三个统计谬误是基本比率谬误、辛普森悖论和幸存者偏见。

基本比率谬误

　　欧盟和美国政府似乎从未停止过对谷歌的反垄断诉讼。

　　什么是垄断？就是你的市场份额已经大到让你拥有市场支

配地位，你利用自己的市场支配地位妨碍公平、自由的竞争。

当你拥有市场支配地位时，你应该遵循"大哥逻辑"：有些事情，小弟能做，大哥不能做；小弟做了只会伤害自己，但大哥做了会伤害社会。

假设一条街上有 10 家米店，你想把自己种的米卖给其中 1 家店。店主说："可以。但如果想和我合作，你不准把米卖给其他 9 家。合作还是不合作，你选吧。"

你可能会选"不合作"："我才不呢，我要和更多的米店合作，谁知道你卖得好不好，我不在一棵树上吊死。"

你也可能会选"合作"："倒是也行，和一家合作更省心，反正我的米也不多，省得麻烦。"

但实际上，"怎么选"并不重要，那是你的自由。重要的是你"有得选"，只要你"有得选"，这 10 家米店就会为了与你合作而彼此竞争。

但如果这 10 家米店中有 9 家店都是同一个老板开的呢？

那这个老板就是"大哥"，拥有市场支配地位。

你看似还是可以选择，但是，选了 1 家店，就要放弃其他的 9 家店，这个代价实在是太大了。如此巨大的代价使所有其他选项都变得毫无意义，因此，虽然摆在你面前的是众多选择，但实际上你已经没有选择了。

大哥要求你在他和其他人之间做"独家合作"的选择，本质上就是在消灭选择。

所有人都说大哥这样做是不对的，大哥很不服："我付出了劳动，也投入了资源，凭什么不能要求独家？"

因为你是大哥。所有人都可以让对方"二选一"，只有拥有市场支配地位的大哥不可以。

所以，针对谷歌的反垄断诉讼的关键在于证明谷歌拥有市场支配地位。只要证明它有市场支配地位，就可以用"大哥逻辑"（反垄断法）来管它。

那么，谷歌到底有没有市场支配地位呢？这个看似简单的问题，其实是一个统计学上几乎无解的难题。

起诉者说：谷歌当然有市场支配地位。截至 2019 年 9 月，谷歌的营收占整个搜索引擎广告市场的 81.5%，如图 6-10 所示。如果是 20%、30% 甚至 50%，我们都可以争论。但是，谷歌的市场份额是 81.5%，说它占据市场支配地位不对吗？这毫无争议。

图 6-10　谷歌在搜索引擎广告市场的市场份额

真的毫无争议吗？

我们看看起诉者的统计方法。起诉者是用"谷歌的营收 /
搜索引擎广告市场规模"这个基本统计方法来计算谷歌的市
场份额的，这看上去再简单不过了。

但是，即使是最基本的统计方法，也有可能存在谬误。
在这个统计方法中，对于分子大家都没有异议，但是对于分
母，谷歌的看法就不一样了。

谷歌说：你错了。这个世界上从来没有一个市场叫"搜索
引擎广告市场"，因为客户不会把它的钱做如此划分，不会说
"这部分钱是要投给搜索引擎广告的，那部分钱是要投给社交
广告的"。客户的钱是投向整个互联网广告的。在互联网中，
哪里便宜、有效，客户就会把钱投向哪里。所以，我们实际
上是和 Facebook、亚马逊等各种形态的互联网公司分食同一
个广告市场，我们的分母应该是"互联网广告市场规模"，而
不是"搜索引擎广告市场规模"。

是不是听上去很有道理？那么，如果把"互联网广告市
场规模"作为分母，谷歌的市场份额会变成多少呢？会变成
37.1%，如图 6-11 所示。

37.1%，当谷歌的市场份额变成这个数字时，它看上去就
不那么像是拥有明显的市场支配地位了。

但是，"互联网广告"这个词其实也不够准确。今天，客
户的广告预算已经渐渐地不再分线上或线下、传统或新媒体

了，而是在电视、杂志、灯箱、互联网等平台上动态分配。谷歌所面向的其实是整个广告市场，它的竞争对手是所有媒体公司。因为互联网广告只占整个广告市场的64.9%，所以，当分母变成"整个广告市场规模"时，谷歌的市场份额只有24.08%了，如图6-12所示。

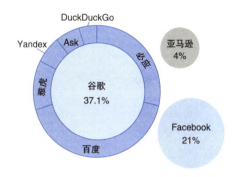

图 6-11　谷歌在互联网广告市场的市场份额

请问，81.5%、37.1%、24.08%，到底哪个市场份额才是谷歌的市场份额？

很多公司总喜欢把自己的市场份额往大了说，但也有一些公司很想把自己的市场份额说小，比如谷歌。

我举这个例子是想告诉你，即使是统计市场份额这样一个看上去再简单不过的统计问题，都有可能出现谬误——要么是谷歌的谬误，要么是起诉者的谬误。而这场反垄断诉讼，本质上是一个大型统计学考试现场，阅卷的是法官和陪审团。

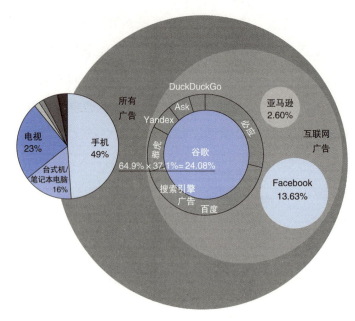

图 6-12　谷歌在整个广告市场的市场份额

辛普森悖论

我先讲个故事。

有人发现某著名大学有歧视女性之嫌，他摘录了这所学校的公开数据，数据显示，该校某年共有男性申请人 304 名，最后录取了其中的 209 人。同年该校有 253 名女性申请人，最后录取了其中的 144 人。经过简单的计算可得，男女申请人的录取比率分别约为 69%（209/304 × 100% ≈ 69%）和 57%（144/253 × 100% ≈ 57%）。男性与女性的录取率相差过于悬殊，所以，这说明明显歧视女性。

这件事引起了社会上的广泛关注，毕竟，歧视女性可是大罪名，而且，这些数据都是学校官方的公开数据，铁证如山。

对此，学校管理层非常重视，立即展开调查。他们把所有院系的录取数据都收集起来，然后进行分析。这所学校有很多系，但归属于两个大的学院——文理学院和商学院。这两个学院分别报上自己的录取数据，如表 6-1 所示。

表 6-1　文理学院与商学院的录取数据

	文理学院	商学院
男性录取人数	8	201
男性申请人总数	53	251
男性录取率	15%	80%
女性录取人数	52	92
女性申请人总数	152	101
女性录取率	34%	91%

文理学院说：你看，我们没问题啊。我们学院女性的录取率是 34%，明显高于男性的录取率 15%。要投诉，也是男同学投诉吧。

商学院说：我们也没问题啊。我们学院女性录取率是 91%，也高于男性录取率 80%。我们也没有歧视女性啊。

神奇的事情发生了。两个学院都是女性录取率高于男性录取率，但是数据汇总在一起，却出现了男性录取率高于女性录取率的情况，这是怎么回事呢？难道是数据出错了？可是，把男女申请人总数加总，再把男女录取人数加总，都完全对得上。天啊，这怎么可能！

这就是统计这个数学分支让人头疼的地方。你知道一定有哪里出错了，但是不知道错在了哪里。最早发现并研究这个问题的，是英国统计学家 E. H. 辛普森（E. H. Simpson），因此这个现象后来被称为"辛普森悖论"（Simpson's Paradox）。

那么，问题到底出在哪里？出在分组策略上。某些特定的分组策略确实有可能导致"在总评中弱势的一方在分组比较中反而占优势"这种情况的出现。

这个学校（非故意地）把全校学生分成了两组：文理学院和商学院。在两个分组（文理学院、商学院）中，女性都"赢了"男性；但是在总评（全校）中，男性却"赢了"女性。

这是怎么做到的呢？怎么分组才能达到这么神奇的效果呢？

那你就要请教比辛普森早了约 2000 年、给田忌赛马出主意的那个智者孙膑了。是的，你没看错，我说的就是你小时候学过的"田忌赛马"。如果我说辛普森悖论和田忌赛马的本质是一样的，你信吗？

我们回想一下田忌赛马的故事。

齐威王和将军田忌经常赛马，两人各出三匹马（我们以齐1、齐2、齐3和田1、田2、田3来代指这六匹马），捉对比赛，三局两胜。

首先，我们来看一下总评。从实力上来说，齐 1+ 齐 2+ 齐 3> 田 1+ 田 2+ 田 3，所以总评是"齐 > 田"，这相当于这所学校的总体录取率"男生 > 女生"。

然后，孙膑给田忌出了一个分组策略："以君之下驷与彼上驷，取君上驷与彼中驷，取君中驷与彼下驷。"

用数学语言来表述，就是把六匹马分成以下三组。

第一组：田 1 VS 齐 2（田胜）；

第二组：田 2 VS 齐 3（田胜）；

第三组：田 3 VS 齐 1（齐胜）。

最终，田忌三局两胜，赢了齐威王。这充分体现了"在总评中弱势的一方在分组比较中反而占优势"。

原来，关键就在于分组策略。你是不是马上联想到为什么历史上有那么多以弱胜强的战役？是的，这正是因为指挥作战的将领们运用了各种各样的分组策略。一部兵书，可能半部都是统计学，你用好了，强敌也抵抗不住。

那么，分组策略会对我们的日常生活或者创业产生什么影响呢？

我举个例子。有一个 App 开发商想增加广告预算，用于触达那些购买转化率高的用户群体，以增加营收，但他们不知道广告预算应该更倾向于苹果用户还是安卓用户。于是，他们对苹果和安卓的总用户、转化用户、转化率进行了统计与分析，得到了一些数据，如表 6-2 所示。

表 6-2 苹果用户与安卓用户的各项数据

	总用户	转化用户	转化率
苹果用户	5 000	200	4%
安卓用户	10 000	550	5.5%

数据显示，苹果用户的转化率为 4%，安卓用户的转化率为 5.5%，看上去，应该把广告预算花在安卓用户上。

这时，一位运营人员提出了不同意见。他提供了一份更详细的手机用户、平板电脑用户的拆分数据，如表 6-3 所示。

表 6-3 手机用户与平板电脑用户的拆分数据

	总用户	转化用户	转化率
苹果用户	5 000	200	4%
苹果手机用户	3 500	100	2.86%
苹果平板电脑用户	1 500	100	6.67%
安卓用户	10 000	550	5.5%
安卓手机用户	2 000	50	2.5%
安卓平板电脑用户	8 000	500	6.25%

果然，神奇的事情出现了。在这份数据里，苹果手机用户的转化率（2.86%）高于安卓手机用户（2.5%），而苹果平板电脑用户的转化率（6.67%）也高于安卓平板电脑用户（6.25%）。在手机用户和平板电脑用户这两个分组里，苹果用户反而都完胜安卓用户。

这简直是互联网行业的"辛普森悖论"。

那么，问题来了：你到底要把预算投向苹果用户，还是安卓用户？

其实，最应该投的是苹果平板电脑用户。安卓阵营内手机用户和平板电脑用户数量的悬殊、整体数据里苹果用户和安卓用户数量的悬殊，把苹果平板电脑用户的优秀转化率掩盖了。在进行更细化的分组后，它才得以显露出来。

你看过的那些言之凿凿的统计报告真的那么可信吗？研究研究它们的分组策略吧。

幸存者偏见

第二次世界大战（简称二战）期间，盟军派飞机轰炸德军基地，结果大部分飞机被击落了，只有少数几架飞机飞了回来，机翼上全是弹孔。

这可怎么办啊？还要去作战呢。于是，司令决定用钢甲加强机翼。

这时，一位担任盟军顾问的统计学家说：“司令，你看到这些机翼中弹的飞机飞回来了，也许正是因为它们的机翼很坚固；这些飞机机头机尾都没有中弹，也许正是因为一旦这些部位中弹，飞机就再也飞不回来了。”

司令大惊，派人前去战地检查飞机残骸，果然，被击落的飞机基本都是机头机尾中弹。

飞回来的飞机并不知道自己是怎么飞回来的，只有被击落的飞机才知道。但是，被击落的飞机已经永远无法开口。幸存者身上的那些看不见的弹痕，往往最致命。

这就是幸存者偏见。

为什么会出现幸存者偏见？我们先来看图 6-13。

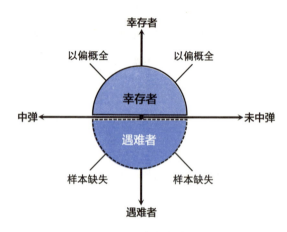

图 6-13　幸存者偏见

绘图：华十二。

要想统计机翼是不是容易中弹，我们调查的样本应该是全部样本，包括幸存者和遇难者。但是，我们能看到的只有幸存者，所以，我们总是习惯于从幸存者身上总结特征，这就容易犯以偏概全的错误。

网上有个关于"春节抢火车票"的段子。记者在高铁上采访乘客："请问，您买到回家的火车票了吗？"乘客说："买到了。"记者又问另一个乘客："请问，您买到票了吗？"乘客说："我也买到了。"于是，记者说："我们调查了很多乘客，发现他们全都买到了回家的火车票。"

车上的乘客全都是"春节抢火车票"大战的幸存者，只问他们，得出的自然是以偏概全的荒谬结论。

创业也是一样。人性使我们更喜欢向成功者学习，因为他们成功。但当你向越来越多的企业家学习了之后，发现他们大都会说：我的成功是靠坚持。

他们的成功真的是靠坚持吗？

所有成功的企业家都是商业世界的幸存者，只学习这些幸存者是不可能得出正确结论的。要想找到真正的成功秘诀，你应该在全部样本中抽样统计，去采访一下那些创业失败的人。当你这样做了之后，你可能会发现，他们也挺坚持的，只是坚持的事情不对。你可能会发出一声叹息，感慨他们为什么这么钻牛角尖、这么固执。

可是，凭什么成功者的坚持叫"坚持"，失败者的坚持就叫"固执"呢？实际上，他们同样"坚持"，只是"坚持的事情"不同。对事情的选择，也许才是决定他们成败的关键原因。

结语

○ 通过数学，你看清创业的真相了吗？

○ 概率与统计是我建议大家认真学习的数学语言。

这个世界从来都是不确定的。只有懂得概率和统计，才能理解世界的不确定性并且不焦虑，才能重新认识创业。

我祝愿你看清创业的真相后，依然热爱创业，并且获得创业成功。

下面一章是最后一章，我们来聊一个有趣的数学问题：博弈。

第 7 章

博弈论

找到"最优解"，成为最后的赢家

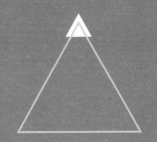

博弈论是天才冯·诺依曼（John von Neumann）在数学上的重要贡献之一。后来，美国数学家约翰·纳什（John Nash）发展了这一理论，并提出了著名的纳什均衡。

他们所研究的博弈论问题究竟是什么？

为了回答这个问题，我们先来看一个问题：参加足球赛和自己跑步最大的不同是什么？

参加足球赛有对手，而自己跑步没有对手。

我们把有对手的比赛称为"Game"，如奥林匹克运动会的英文就是"Olympic Games"，它是一项多人参与的竞技比赛。有对手，才有冠军、亚军、季军。这里的"Game"指的不是游戏，而是复数主体之间的对抗。

博弈论（Game Theory）讲的也是"Game"，它研究的问题是：在复数主体下，如何做战略决策？

既然是复数主体，做决策的人就不仅仅是"我"这一个单独的主体，而是多个主体。不同主体的决策是相互影响、相互制约的。

这时，应该怎么做决策？

我们来看图 7-1，这是一场正在进行的足球赛，现在球在头上带有标记的球员的脚下，他到底是该往前跑、往左跑，还是绕过对方？

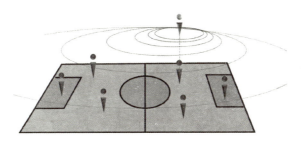

图 7-1 参加博弈的局中人 vs 支配博弈的规则

这名球员需要做一个决策。他必须思考很多问题：对面的球员会怎么阻挡我？他们之间会如何配合？我进攻的话，我的队员怎么配合我？等等。

如果他想赢得比赛，他就要从"局中人"的角色中跳出来，根据整场比赛的规则和全场局势，做出对自己最有利的决策。

他要试着站在半空中去思考，纵观全局，理解场上每一个人做决策时所面临的利益得失及其与自己的关系。

这就是博弈。

前面几章，我帮助大家用数学思维理解了商业的目的是提高决策质量。但是，认真想一想，你会发现那都是从单一决策方的视角出发的。

我们把世间万物放在"笛卡尔坐标系"中，理解世间财富的"方差"，控制独立的随机事件以减少"标准差"，不断用"贝叶斯定理"提升成功的"概率"，用"四则运算"管理财务，追求"指数增长"，在"幂律分布"的世界中求得自己在"统计"学意义上的成功。

这些决策假设的交易对手，都是客观的、可以被量化的，或者是目前尚未可知但一定按照确定的方式运行的规律（即使是概率）。

但是，一旦有了"人"这个对手，一切就不一样了。你在决策时，别人也在决策。这些决策相互影响，甚至相互交织，从而使那些奇妙的决策显得很愚蠢，使那些莫名其妙的决策产生奇效。

比如，你用统计工具分析出未来几天市场上会突然出现10万件汉服的缺口，顿时大喜过望，决定全力投入生产。殊不知，你隔壁的工厂做了同样的决定。几公里之外还有一家工厂，也做了这样的决定。就这样，几天后，市场上多出了30万件汉服。原本预测的"稀缺"变成了"过剩"。

比如，你发现今年的毕业生就业形势不好，于是决定考研，给自己几年缓冲时间。可是考研成绩出来后，录取分数线竟然高到了"天上"，原因是很多人出于同样的原因选择了考研。一个人努力，能提高分数；一群人努力，只能提高分数线。

再比如，你找到了一个幂律分布的市场，发现里面有超额利润，于是决定做一款低价产品分一杯羹。没想到的是，巨头也做了一款低价产品，瞬间把你"踩死"。但因为低价，巨头利润大减，元气大伤。你很难理解，看起来挺聪明的巨头，为什么要这样"损人不利己"。

你的决策质量不仅和"天"有关，和"地"有关，还和你旁边的"人"有关。

这一章，我们就讲讲博弈论，以及在复数主体下如何做战略决策。

下面，让我们从几个最基本的概念开始。

想赢？你需要了解博弈论的基本概念

你可能在经济学的书里看到过博弈论，在社会学的课堂上听到过博弈论，是的，博弈论的应用很广。不过，很多人可能忽视了一点：博弈论首先是一个数学问题。发明博弈论以及对博弈论的发展做出巨大贡献的冯·诺依曼、约翰·纳什都是数学家。

想要理解博弈论，你至少要理解三个基本概念：收益矩阵、占优策略、纳什均衡。

收益矩阵

收益矩阵有很多名字，比如支付矩阵、报酬矩阵、赢得矩阵、得益矩阵，但无论叫哪一个名字，其中都有"矩阵"二字。因为一旦决策者从单人变为至少双人，决策就从一维的得失问题变为二维的利害关系问题了。

举个最简单的例子。A 和 B 玩"剪刀石头布"游戏。对 A 来说，剪刀、石头、布，出哪一个，他的得失最大呢？显然，这取决于 B 出什么。B 的选择和 A 的选择共同决定了彼此的利害关系，如表 7-1 所示。

表 7-1　A 和 B 的选择共同决定彼此的利害关系

收益矩阵（A，B）		B 的选择		
		石头	剪刀	布
A 的选择	石头	（0，0）	（1，-1）	（-1，1）
	剪刀	（-1，1）	（0，0）	（1，-1）
	布	（1，-1）	（-1，1）	（0，0）

A 和 B 都关心自己的得失，但是他们的得失交织在一起，构成了这张利害关系表。

当 A 出石头时，如果 B 出剪刀，则收益为（1，-1），这意味着 A 加 1 分，B 减 1 分。

如果 B 因为预判了 A 会出石头而出了布，那收益就变成了（-1，1），情况完全逆转：A 减 1 分，B 加 1 分。

如果 A 预判了 B 的预判（知道 B 由于预判自己出石头而出布），于是出了剪刀，情况就再次逆转，收益变为（1，-1），A 加 1 分，B 减 1 分。

然后，B 再继续预判 A 对 B 预判的预判……他们拳不动，心在动。两人不断博弈，他们各自的得失也因此在这个收益矩阵里不断游走。六轮之后，他们回到了原点，如表 7-2 所示。

表 7-2　六轮博弈后 A 和 B 回到原点

收益矩阵（A，B）		B 的选择		
		石头	剪刀	布
A 的选择	石头	（0，0）	（1，-1）	（-1，1）
	剪刀	（-1，1）	（0，0）	（1，-1）
	布	（1，-1）	（-1，1）	（0，0）

这就是收益矩阵。每个用语文来描述的游戏规则（Game Rule）翻译成数学语言，都是一个收益矩阵。在这个收益矩阵里，决策双方都在研究如何扩大自己的赢面，最好让自己稳赢。

那么，在"剪刀石头布"的收益矩阵里，有谁可以稳赢吗？

没有。

一个稳赢的游戏，是没有生命力的游戏。围棋、象棋、国际象棋、五子棋或者"剪刀石头布"，这些流传了几百上千年的游戏，都没有稳赢的策略。因为如果有人稳赢，输掉的一方必然不会再参与了，这个游戏也就无法流传下来。

可是，我们研究博弈论，不就是为了赢吗？这个世界上有"稳赢"的策略吗？

有的，那就是占优策略。

占优策略

占优策略，又称优势策略、支配性策略，它指的是这样一种策略：如果你采取行动，我会占据优势；如果你不采取行动，我也会占据优势。无论如何，两次我都能占据优势。

比如，A 和 B 都是咖啡品类的领导品牌，面对激烈的市场竞争，它们要做一个决定：是否投放广告？

A 投广告，A 的收益会增加。B 投广告，B 的收益会增加。但是，如果 A 和 B 都投了广告……广告商的收益会增加。很纠结，到底是投还是不投呢？

看看数据吧。A 对市场进行了调研，列出了一个收益矩阵，如表 7-3 所示。

表 7-3　A 在市场调研后列出的收益矩阵

收益矩阵（A，B）		B 的选择	
		投广告	不投广告
A 的选择	投广告	（5，5）	（15，0）
	不投广告	（0，15）	（10，10）

在这个收益矩阵里，如果 B 选择投广告（第一纵列），那么 A 投广告的收益是 5，不投广告的收益是 0，所以，A 应该投广告。

如果 B 选择不投广告（第二纵列），那么 A 投广告的收益为 15，不投广告的收益为 10，所以，A 还是应该投广告。

也就是说，不管 B 怎么选择，A 都应该投广告，因为"投广告"对 A 公司来说是最优战略。所以，投广告是 A 的占优策略。

B 进行了一番计算后，发现投广告也是自己的占优策略，如表 7-4 所示。

表 7-4　投广告是 A 和 B 的占优策略

收益矩阵（A，B）		B 的选择	
		投广告	不投广告
A 的选择	投广告	(5，5)	(15，0)
	不投广告	(0，15)	(10，10)

这就是为什么这个世界上到处都是铺天盖地的广告。

但是，如果你仔细看看这个收益矩阵，可能会产生一个疑问：不对吧？ A、B 都投广告，双方的收益各是 5，但是如果 A、B 都不投广告，双方的收益都是 10。很明显，双方都不投才是最佳结果啊。

你说的没错。如果都不投广告，确实双方受益都会更大。

明明"都不投"才是最佳结果，为什么"都投"才是占优策略呢？

因为"都不投"看上去很美好，却不是一个纳什均衡。

纳什均衡

什么是"纳什均衡"？简单来说，纳什均衡就是一种博弈的"稳定结果"，谁单方面改变策略，谁就会受到损失。比如，前面广告案例中的（5，5）这个单元，就是一个纳什均衡。

假如 A 和 B 都选择投广告，这时，如果 A 单方面改变结果（来到下面 1 格），它的收益会从 5 变为 0，不划算，所以 A 不会改变主意。如果 B 单方面改变结果（来到右边 1 格），它的收益也会从 5 变为 0，同样不划算，所以 B 也不会这么做。A 和 B 都没有动力改变策略，所以（5，5）很稳定，达到了纳什均衡，如表 7-5 所示。

表 7-5 （5，5）是一种纳什均衡

收益矩阵（A，B）		B 的选择	
		投广告	不投广告
A 的选择	投广告	（5，5）	（15，0）
	不投广告	（0，15）	（10，10）

纳什均衡是一个最稳定的状态，但不一定是好的状态。稳定在好的状态上的纳什均衡，是"好的纳什均衡"；稳定在不好的状态上的纳什均衡，是"坏的纳什均衡"。

我举个例子。

经常有顾客到 A 服装商店问"有没有大码女装"，得到否

定答案后，顾客只能失望而归。这种情况频繁出现，于是，A
服装店要做一个决定：要不要进大码女装？进的话，的确能
满足大码女性的需求，但万一她们不来买衣服呢？或者来得
不多呢？那库存能拖"死"自己。可如果不进，不就赚不到
本来能赚到的钱吗？ A 服装店老板很纠结。

我们根据 A 服装店的纠结和 B（大码女性）的选择列出一
个收益矩阵，如表 7-6 所示。

表 7-6　A 服装店和 B 的收益矩阵

收益矩阵（A，B）		B 大码女性	
		进店购物	不进店购物
A 服装店	进大码女装	（10，10）	（-5，0）
	不进大码女装	（0，-5）	（0，0）

简单进行计算后，你会发现，这个表里有两种纳什均衡。

▶ 均衡 1（0，0）：A 服装店不进货，B 不来。

在这种状态下，A 服装店没有理由单方面改变现状，因
为 B 不来，它进货就亏；B 也没有理由单方面改变现状，因
为 A 服装店没货，她去就是浪费时间。所以，（0，0）是一种
纳什均衡。

▶ 均衡 2（10，10）：A 服装店进货，B 来买。

在这种状态下，A 服装店没有理由单方面改变现状，因

为 B 都来了，它当然要进货；B 也没有理由单方面改变现状，因为 A 服装店既然有货，她也需要，当然要来买。所以，（10，10）也是一种纳什均衡。

显然，（0，0）是一个"坏的纳什均衡"，因为双方都受到了损失；而（10，10）是一个"好的纳什均衡"，因为双方都受益，如表 7-7 所示。

表 7-7 （0，0）和（10，10）都是纳什均衡

收益矩阵（A，B）		B 大码女性	
		进店购物	不进店购物
A 服装店	进大码女装	（10，10）	（-5，0）
	不进大码女装	（0，-5）	（0，0）

那么，最后大家会稳定在"好的纳什均衡"还是"坏的纳什均衡"上呢？

这就要看商家的策略了。这时，定位是一个非常重要的博弈策略。A 服装店要告诉所有人，它的定位就是只销售大码女装，然后占领消费者的心智。这样，当消费者有这样的需求时，就会到 A 服装店来购买衣服。A 服装店可以放心地进非常丰富的货，而且进的货越丰富，消费者来了就越喜欢，来得也就越频繁。

"好的纳什均衡"一旦出现，就会非常稳定。只要你不"作死"，数学的力量会让你的生意越来越好。

经典博弈中的决策智慧

在简单介绍了收益矩阵、占优策略、纳什均衡这三个最基本的博弈论概念后，我们来看看在真实的商业世界里，在复数主体的情况下，博弈论是如何帮助我们做决策的。

智猪博弈："搭便车"策略

假设你是一个创业者，你公司有一个很好的创意——擦天花板的机器人。天花板上其实是有不少灰尘的，但是人们通常不重视，也很难擦到，这款擦天花板的机器人刚好能帮助人们解决这个问题。你和你的团队集中全力研发，很快将产品推向市场。果然，这款擦天花板的机器人在市场上大受欢迎，你们特别高兴。

可是，几个星期后，你发现某家电巨头也推出了一款擦天花板的机器人。因为这家公司的研发实力强、市场渠道广，这款新产品的销量很快就超过了你公司的产品，甚至使你公司的产品出现了销量下滑的势头。你非常痛苦，也非常气愤：你们这样也太不像个大公司了吧？

先别生气，这样的事情其实一点都不奇怪，甚至很正常。为什么？

你需要理解一个非常经典的博弈论模型——智猪博弈。

假设有一个很长的猪圈，猪圈的两端分别是杆子和食槽，这一端拉杆，另一端才会有食物掉入食槽。现在，猪圈里有一头大猪和一头小猪，谁跑去拉杆，都要在一来一回的路上消耗不少能量，而且，守在食槽旁的猪更占便宜，可以先吃到食物。

问题来了：谁去拉杆？

假设大猪和小猪跑一个来回的消耗都是 2，食物掉一次是10 份，我们用一组数字来量化思考一下，会发现有以下四种情况。

- ▸ 小猪、大猪都不拉杆。谁都没得吃，收益都是 0。

- ▸ 小猪拉杆，大猪不拉杆。小猪去拉杆消耗 2，当小猪跑回来吃时，大猪已经吃掉了 9 份，小猪只抢到 1 份，那么，小猪收益是 −1，大猪是 9。

- ▸ 小猪、大猪都拉杆（拉杆两次，只掉一次食物）。消耗都是 2，大猪跑得快、吃得多，吃了 7 份，而小猪只吃了 3 份，那么，小猪收益是 1，大猪是 5。

- ▸ 大猪拉杆，小猪不拉杆。小猪在大猪跑去拉杆时先吃了 2 份，等大猪跑回来还剩 8 份，大猪吃得快，抢了6 份，小猪又吃到 2 份，那么，小猪收益是 4，大猪也是 4。

用博弈论的语言来表述，就是表 7-8 的收益矩阵。

表 7-8 智猪博弈的收益矩阵

收益矩阵（A，B）		B 大猪	
		拉杆	等待
A 小猪	拉杆	(1，5)	(-1，9)
	等待	(4，4)	(0，0)

在这个收益矩阵里，有占优策略吗？

有的。对小猪来说，等待是它的占优策略。如果大猪拉杆，小猪等待的收益是 4，比拉杆的收益 1 大；如果大猪等待，小猪等待的收益是 0，比拉杆的收益 -1 大。所以，无论如何小猪都会等待。

如果小猪无论如何都会选等待，那么大猪的策略应该是什么呢？应该是拉杆。选择拉杆，大猪的收益会从等待的 0 变为拉杆的 4。

可见，大猪拉杆、小猪等待是一个纳什均衡，如表 7-9 所示。

表 7-9 智猪博弈的纳什均衡

收益矩阵（A，B）		大猪	
		拉杆	等待
小猪	拉杆	(1，5)	(-1，9)
	等待	(4，4)	(0，0)

这对我们的启发是什么？

对小公司来说，等大公司教育好市场后"搭便车"是最佳策略；而对大公司来说，在一个小公司都想搭便车的领域里，只好选择"还是我来吧"。

但是，如果小猪就是要选择"拉杆"，也就是提前进入，承担"教育市场"的工作呢？那大猪会求之不得。大猪会等在食槽边，等小猪真的教育了市场，并且真的"掉食物"了，迅速推出自己的产品，抢夺胜利的果实。这就是小公司一旦验证了"擦天花板的机器人"这个市场存在，大公司就一定会进入的原因。

早期小米也想做智能手表，但它没做，为什么？

当时如果小米对用户说"你们需要一款智能手表"，用户可能会想：手机这么好用，为什么要用手表啊？对早期的小米公司来说，教育用户发现智能手表的价值是一件非常困难的事。

而苹果这只"大猪"来做这样的事就轻松得多。如果苹果推出智能手表，很多用户会感觉一种新的趋势已经出现。而且，苹果把这个市场做起来了，整个供应链、配套产品、上下游关系都会更成熟。

后来，小米跟着苹果推出了小米智能手环，因为借力前行，整个市场的教育成本大大降低，最终小米智能手环反而卖到了"全球第一"。

现在回到开头说的那家研发"擦天花板的机器人"的创业公司。这家公司所做的事情就相当于"小猪拉杆"。这只

"小猪"可能已经尝试了很多产品，从卷发棒、早餐机到吸尘器，突然之间发现"擦天花板的扫地机器人"火起来了，它赶快"冲回食槽边"，却发现"大猪"早就守在那里了。

那是不是小公司就永远只能"搭便车"呢？

当然不是。如果你不想"搭便车"，你进入的领域最好是大公司"跑不到的地方"。

比如，赫兹（Hertz）和安飞士（AVIS）曾经是美国排名第一和第二的租车公司。第二名的安飞士（即"小猪"）是如何在第一名的阴影下如鱼得水的？

安飞士打了条广告："因为我是第二名，所以我不排队。"赫兹看了之后，恨得牙痒痒，却一点办法都没有，因为它总不能说"因为我是第一名，所以我也不排队"吧。用户会想：你是第一名，你用户多啊，你怎么能不排队呢？

"不排队"这个特性，就是"大猪"赫兹"跑不到的地方"。

再比如海底捞和巴奴火锅。

巴奴火锅曾经有一条广告语，叫"服务不是巴奴的特色，毛肚和菌汤才是"，后来被更新为"服务不过度、样样都讲究"。

看见这条广告，我特别想问：你说谁服务过度了？这时第一名的心态只能是恨得牙痒痒，因为"弱化"服务价值是第一名"跑不到的地方"。

另外，智猪博弈不仅仅会出现在大公司与小公司之间，也会出现在优秀员工和落后员工之间。

"大猪"(优秀员工)不断拉下"创收的杆",食物源源不断地掉下来,但是"小猪"(落后员工)早就等在那里了。虽然它们吃得不多,但是毕竟不用花力气啊。这就是公司内部的"搭便车"现象。这对优秀员工是不公平的,很多人会因此离开。

所以,一个健康的组织一定要想办法避免智猪博弈带来的"搭便车"现象,比如坚持不懈地调整分配制度,多劳多得,少劳少得,保护强者不被弱者占便宜。

胆小鬼博弈:怎么才能让对方相信我比他先疯

1962 年 10 月 28 日,美国总统肯尼迪手握核按钮,正在做一个痛苦的决定:要不要向苏联宣战?美国的安全受到了巨大的威胁,但是他知道,如果两个核大国因此打起来,就是一场谁也回不了头的热核战争,就是第三次世界大战。

这一刻是近 100 年来人类最危险的时刻。

美国究竟受到了什么威胁以至于要用核战争来解决问题?制裁不行吗?增加关税、减少油气进口,不能解决问题吗?

可能不能。因为当时的苏联领导人赫鲁晓夫已经瞒天过海地把一批导弹核武器部署在古巴了。

从 1962 年 7 月开始,苏联对几十枚导弹和几十架飞机进行拆卸、伪装，用集装箱秘密地运到古巴。每一枚导弹都携带一枚比广岛原子弹威力强 20 ～ 30 倍的核弹头。随后，3000 多名技术人员也陆续乘船前往古巴。

古巴和美国隔海相望，而苏联部署的这些导弹核武器，射程可达 2000 英里[⊖]。美国的大片国土瞬间直接暴露在苏联的核威慑之下。

1962 年 9 月 2 日，赫鲁晓夫公布了这批武器的存在。但他安慰美国：哦，我是运过去了，但我没打算发射，别瞎担心。

肯尼迪知道后，暴怒不已。

可是，为什么赫鲁晓夫要把导弹核武器部署在古巴呢？这也玩得太大了吧？

这是因为 1959 年美国在意大利和土耳其部署了中程弹道导弹"雷神"和"朱比特"。土耳其地处欧亚交界，与苏联相邻。美国在土耳其部署中程导弹，使苏联的国土安全受到了严重的军事威胁。

于是，苏联以牙还牙：你拿导弹，我就拿导弹核武器。

1962 年 10 月 22 日，肯尼迪宣布武装封锁古巴。在 68 个空军中队和 8 艘航空母舰的护卫下，由 90 艘军舰组成的美国舰队大举出动，将古巴海域彻底封锁。同时，大批美国军队在佛罗里达集结，做好了入侵古巴的准备。而载有核弹头的

⊖　1 英里＝ 1.609 344 千米。

美国轰炸机，也在古巴周边的上空一直盘旋。

赫鲁晓夫没想到，岁数比他小很多、看似软弱的肯尼迪居然态度如此强硬。苏联部署在古巴的导弹核武器，也做好了随时发射的准备。

一场世界大战，一触即发。

可是，怎么就走到了这一步呢？到底是什么把局势推到了热核战争的边缘？

是胆小鬼博弈。

在一条乡间的小路上，两辆车相向疾驰。他们发现了彼此，但谁都不想让路，都拼命按喇叭，让对方让开。但对方也不让，两辆车眼看就要相撞了。

这时，一辆车里扔出了一副眼镜：我高度近视，我是疯子，你识相一点。不让的话，就等着同归于尽吧。

另一辆车也不甘示弱，扔出了方向盘：我怕你？我才是疯子好吗？我是不可能让路的，我连方向盘都拆了，胆小鬼！

第一辆车里的司机一听愤怒不已，干脆把眼睛给蒙上了：我是胆小鬼？我不看，我不看，你扔什么我都不看。看看谁是胆小鬼！

这就是胆小鬼博弈。

现在，我们为胆小鬼博弈创建一个收益矩阵，如表 7-10 所示。

表 7-10　胆小鬼博弈的收益矩阵

收益矩阵（A，B）		B	
		认尿	死磕
A	认尿	（0，0）	（-5，5）
	死磕	（5，-5）	（-100，-100）

在这个收益矩阵里，有没有占优策略以及纳什均衡？

没有。

同时认尿（0，0）并不是一个稳定的纳什均衡。因为一旦知道对方尿了，自己死磕会获得收益，死磕的人就会像英雄一样，收获利益，并且嘲笑认尿的人。

同时死磕（-100，-100）也不是一个稳定的纳什均衡。一旦确定对方真的会死磕，自己是不会坐等车毁人亡的，一定会认尿。

所以，在胆小鬼博弈的收益矩阵里没有稳定的纳什均衡，也没有必然受益的占优策略。

那怎么办呢？

这时，大家会铤而走险，往外扔眼镜，扔方向盘，甚至蒙上眼睛。这就是胆小鬼博弈的可怕之处——必须让对方以为自己"疯"了。而你之所以做出所有这些行为，都是为了让对方认为你确定、一定以及肯定会死磕到底。

在这种情况下，对方只有两种结果：一种是退让，但从此会被扣上"胆小鬼"的帽子；另一种是不愿被当作胆小鬼，宁愿玉石俱焚。

那么，最后到底是玉石俱焚，还是有谁当了胆小鬼？

1962 年 10 月 26 日，赫鲁晓夫给肯尼迪写了一封信，称如果美国承诺不入侵古巴，并且不允许其他国家入侵，苏联将撤回舰队，形势将大为改观。10 月 27 日，白宫又收到第二封信，称如果美国同意从土耳其撤走中程导弹，苏联也会从古巴撤走导弹核武器。

用土耳其交换古巴，是肯尼迪不能公开答应的。怎么办？冷静的肯尼迪做了一个聪明的决定：不回复第二封火药味更浓的交换邮件，而是只回复第一封。

肯尼迪回信说，非常高兴您在 10 月 26 日的来信中表达了关于和平的愿望。只要您从古巴撤走武器，我们愿意按照此信和第二封信中提出的办法与您达成一致意见。

赫鲁晓夫理解了肯尼迪的暗示，他迅速广播了他的回信：撤走武器。

大约两个月后，肯尼迪也默契地撤走了部署在土耳其的武器。一场热核危机终于解除。

是谁导致了这场危机？是美国在土耳其部署导弹，还是苏联在古巴部署核武器？其实，不管是谁的错，在手握核按钮的时候讨论这个问题都是没有意义的。不要用"对错"架起决策者，从而把一方要么逼成疯子，要么逼成胆小鬼。

赫鲁晓夫在表面装疯的时候，暗地里告诉对方："我们都是清醒的，不要陷入胆小鬼博弈。"肯尼迪在血气方刚的年纪做到了冷静，冷静、再冷静，然后把面子留给别人，里子各自揣着。在一场几乎就要全输的世界大战前夜，双方都把手从核按钮上收了回来。

在商业世界，也存在着胆小鬼博弈。

2012 年 8 月，苏宁副董事长孙为民说："不赚钱，也要堵截京东。"一场 3C[⊖]零售史上最惨烈的价格战由此掀起。

8 月 13 日晚，京东董事长刘强东发布微博："今晚，莫名其妙地兴奋。"然后，京东频频出招，刘强东发微博声称：京东大家电三年内零毛利，采销人员哪怕加上 1 元毛利，都将立即被辞退；京东还将招收 5000 名"情报员"，一旦发现京东比对手便宜不足 10% 就立即降价或现场发券。刘强东还和股东开会，问股东："这场'战争'会消耗很多现金，你们什么态度？"股东回答说："我们除了有钱什么都没有。"

苏宁也不甘示弱，先是声称启动史上最强力度促销，所有产品价格必低于京东，然后又发行债券用于补充营运资金和调整公司债务结构。

这两家公司的价格战打得如火如荼，国美、当当等公司也不得不卷入，国美甚至放言：从不回避任何形式的价格战，全线商品价格将比京东低 5%。

⊖ 计算机类、通信类和消费类电子产品的统称。

一时间，卷入价格战的所有公司都陷入了胆小鬼博弈：你知道价格战对行业是不利的，我也知道你知道价格战对行业是不利的。我不想打价格战，但是在打价格战这件事情上，我是不可能认尿的。不然，脸往哪里搁？

一个说"我们除了有钱什么都没有"，一个发行债券用于补充营运资金，还有一个直接降价，本质上都是在说"我疯了，我是真疯了，我已经蒙上眼睛了"，试图通过这种方式吓退竞争对手。

那么，最后结局怎样呢？国家发展改革委约谈了京东、苏宁、国美，叫停了价格战，并勒令它们自查自纠。

三个司机蒙眼开车，被交警拦下了。

胆小鬼博弈，是一个很凶猛、副作用很大的博弈。

慎用。

金球游戏：承诺、信任以及贪婪的终极考验

这是一个极其精彩的真实故事，来自英国广播公司（BBC）曾经做过的一档叫作"金球游戏"（Golden Balls）的节目。

在这个节目中，经过一番角逐后，仅剩的两个选手将争夺巨额奖金。主持人会给每个选手两个金球，其中一个金球上写着"平分"（Split），另一个金球上写着"全拿"（Steal），选手要从这两个金球里选一个。两个人的不同选择，会导致不同的结果。

- ▶ 如果都选了"平分"，两个人就平分奖金。

- ▶ 如果都选了"全拿"，两个人都两手空空。

- ▶ 如果一个人选了"平分"，另一个人选了"全拿"，选"全拿"的人会拿走全部奖金，而选"平分"的人什么都没有。

那么，你会选"平分"，还是"全拿"？

这真是对人性的考验：如果都选"平分"，那么无论在道义上还是利益上，对两个人都是很好的；如果对方选了"平分"，那么自己选"全拿"，把奖金全部拿走，当然更好；但如果对方也是这么想的，大家就都一无所获。

我们把这些关于人性的问题放在一边，先从数学的角度来理解这个游戏。

先创建一个收益矩阵，如表 7-11 所示。

表 7-11　金球游戏的收益矩阵

收益矩阵（A，B）		B	
		全拿	平分
A	全拿	（0，0）	（100，0）
	平分	（0，100）	（50，50）

在这个收益矩阵里有没有占优策略以及纳什均衡？

有。当 A 和 B 都选"全拿"（0，0）时，B 是不会改变主意选"平分"的，因为这样自己会一无所有，而对方却能拿走所有奖金。A 也是一样。在这个收益矩阵里，（0，0）是一个稳定的纳什均衡。但是，明明（50，50）看上去是最佳结果啊！如表 7-12 所示。

表 7-12　金球游戏的纳什均衡和最佳结果

收益矩阵（A，B）		B	
		全拿	平分
A	全拿	（0，0） 人性	（100，0）
	平分	（0，100）	（50，50）

是的。其实，这就是这个游戏的真正赛点。最佳结果明明唾手可得，但是数学却告诉我们，大部分人直奔最后两手空空的纳什均衡而去。这就是人性，寻求个体利益最大化是人们无法抗拒的人性弱点。

金球游戏就是一个考验人性的游戏。

经济学鼻祖亚当·斯密（Adam Smith）在《国富论》中说过，追求个人的利益，往往使一个人能比在真正出于本意的情况下，更有效地促进社会的利益。但是，博弈论告诉我们，不一定，至少有时候不是这样的，比如在金球游戏中，追求个人的利益带来的结果是所有人都空手而回。

在金球游戏的一期节目中，经过多轮角逐，只剩下互不相识的尼克和亚布拉罕两个选手，而奖金池里的奖金已经累积到了 13 600 英镑。

所有人都好奇：他们会和前面的选手一样，遵循人性，沿着数学规律，从最佳结果滑向坏的纳什均衡吗？

决赛开始。主持人说："在做出'平分'还是'全拿'的选择之前，你们可以先进行短暂的交流。"

尼克立刻说："我会选'全拿'。"

亚布拉罕愣了，他怎么都没想到尼克的第一句话会是告诉自己他要"全拿"，他原本以为，尼克会用聪明的方法让自己相信他一定会选"平分"，因为同时选"平分"才是最佳结果。只有两个人都选择了"平分"，他们才能打败游戏设计者，拿到奖金。

尼克接着说："但是，我向你保证，如果你选'平分'，我拿到钱之后会分你一半。但是如果你也选'全拿'，咱们就都空着手回家。"

这时，台下观众都笑了起来，因为这太不可思议了。主持人也好心地提醒亚布拉罕："这个保证是没有法律效力的。"

亚伯拉罕说："我知道，我知道。"接着，他对尼克说："我给你另一个选项吧。我们为何不都选择'平分'？"

尼克坚定地说："不。我选'全拿'。我保证，如果你选'平分'，之后我会把奖金分你一半。"

亚布拉罕被逼到角落，他对尼克说："你向我许下了一个承诺，但我得先告诉你承诺的意义是什么。我父亲曾经跟我说过，一个人如果不守信用，就不值得被叫作人。这种人毫无价值，一文不值。"

尼克回答："我同意。所以，我一定选'全拿'。我也保证，之后会跟你平分奖金。"

亚布拉罕要崩溃了，他吼道："如果我也选'全拿'，我们会输掉一切。如果最后我们空手而归，都是你这个白痴害的！你是个白痴，没错。"

主持人宣布："请选择。"

亚布拉罕的手在"全拿"的金球上犹豫了一秒，但最后还是选择了"平分"。对他来说，这可能是最好的选择了。

然后，尼克也打开了自己选的金球，你猜那个金球是什么？竟然是"平分"！

所有人都没想到，坚定地说自己会选"全拿"的尼克最后竟然选择了"平分"，这真是太令人意外了！

因为两人最终的选择都是"平分"，所以他们真的平分了奖金，满载而归。

尼克用一套不走寻常路的博弈策略，让双方最终守住了（50，50）这个最佳结果，没有滑向（0，0）这个坏的纳什均衡。

这个不走寻常路的博弈策略是什么？

尼克其实并不相信亚布拉罕，人性有时候是经不起考验的。很多选手一边努力证明自己的人性是光辉的，一边假设对方的人性也是光辉的，这太难了。这个世界上，怎么可能都是好人？你是"好人"，但你很有可能会遇到一个"坏人"。你要学会的不是假设对方是"好人"，而是如何与"坏人"打交道。

　　而与"坏人"打交道的最佳方式就是把他逼至墙角，让他为了自己的利益做出你想要的选择。

　　让我告诉你后来发生了什么。

　　节目结束后，亚布拉罕在接受采访时说，他根本就没有见过自己的父亲，是母亲一个人把他养大的。

　　也就是说，他在撒谎。

　　也就是说，他想骗尼克选"平分"，而自己选"全拿"。

　　也就是说，他可能是一个"坏人"。

　　那些幽微的人性，我们也许永远无法穷尽，也无法看清。我们能做的，是不管一个人的人性本善还是本恶，都运用好的机制和策略让他自愿成为一个"好人"，或者不得不成为一个"好人"。

结语

尼克和亚伯拉罕的故事是这本书的最后一个故事。

我特意用这个故事给本书收尾，是想说：

数学能帮助我们看清商业世界的真相：不平等的真相、不公平的真相和人性的真相。但是，借用罗曼·罗兰的一句话——"世界上只有一种真正的英雄主义，那就是看清生活的真相之后，依然热爱生活"，真正的英雄主义，是看清创业的真相后，依然热爱创业。因为在这样的真相之下，我们依然能创造美好。

是的。看清真相，创造美好。

对话吴军：每个人都要有数学思维

吴军老师是我特别敬佩的一位老师。他是计算机科学家，是自然语言处理技术的先驱者，是谷歌的智能搜索科学家，是腾讯的前副总裁，也是硅谷著名的风险投资人、畅销书作家。

他创作了《数学之美》《浪潮之巅》《硅谷之谜》《智能时代》《文明之光》《大学之路》《全球科技通史》《见识》《态度》等著作，本本都是超级畅销书。从我到我儿子小米，我们全家都是他的书迷。

同时，他还是教育专家、古典音乐迷、优秀的红酒鉴赏家，酷爱逛博物馆，见过 90% 以上世界名画的真迹，精通历史、艺术、哲学、摄影、投资、商业……他在任何一个领域的成就单拿出来，都让普通人望尘莫及。

吴军老师在得到 App 上开设了六门课程，分别是《硅谷来信》《谷歌方法论》《信息论 40 讲》《科技史纲 60 讲》《吴军讲 5G》以及《数学通识 50 讲》。从信息论到科技史，到通信技术 5G，再到数学，吴军老师涉猎之广、研究之深，让人深深叹服。

我特别喜欢跟吴军老师聊天，每一次都让我收获巨大。有一次，趁着吴军老师回国，我约他吃饭聊天。下面我把我和吴军老师的部分聊天内容分享给你。

信息论、科技史、谷歌方法论、5G、数学……我一直特别好奇：吴军老师的大脑是怎么装下这么多东西，又理解得如此深刻的？

吴军老师说，他所讲的这些内容，其实都是他工作以来的沉淀。

吴军老师是美国约翰·霍普金斯大学的计算机博士，后来在谷歌担任智能搜索科学家。他所研究的内容是语音识别和自然语言处理，这需要非常深厚的信息论、信息技术、通信技术以及数学功底。而他的课程内容就来自这些积累。区别在于，做成课程需要用更通俗的方式把那些晦涩的专业知识讲出来，让每一个人都听得懂。

吴军老师有一门课是《数学通识 50 讲》，为什么选择讲数学呢？

数学这个主题，是很多老师（比如我，虽然我大学的专业就是数学）想讲却不敢讲的，因为它太难了。"数学"这两个字，简直是很多人的噩梦，甚至有同学在填报高考志愿的时候说："只要不学数学，让我干什么都可以！"

确实，数学很难。很多人学了十几年数学，直到走上工作岗位，还不知道数学到底有什么用。除了相关专业的工程师，现在有几个人还记得大学学过的微积分、概率和线性代数？

那么，学数学到底有什么用？一个普通人也要学数学吗？

吴军老师说，是的，每个人都一定要学数学，因为它实在太有用了。

对大部分人来说，学数学不是为了解数学题，不是为了当数学家，而是为了培养数学思维。数学思维不仅能让你站到更高的高度，开拓你的眼界，还能帮你了解一些正确的常识，让你少走弯路，并且让你在人生的每一个岔路口都有更多的选择。

今天我能够给企业做战略咨询，能够快速洞察事物的本质，最根本的能力就来自数学思维。

很多人会说："数学也太难了，我学不会，怎么办？"其实，解数学题也许很难，数学考试拿满分也许很难，但是，只要你愿意，培养数学思维并不难。

下面我给你介绍五种数学思维，这五种数学思维让吴军老师和我都受益匪浅。

从不确定性中找到确定性

第一种数学思维源于概率论，叫作"从不确定性中找到确定性"。

假如一件事情的成功概率是 20%，是不是意味着我重复做这件事 5 次就一定能成功呢？很多人会这样想，但事实并不是这样。如果我们把 95% 的概率定义为成功，那么，这件 20% 成功概率的事，你需要重复做 14 次才能成功。换句话说，你只要把这件 20% 成功概率的事重复做 14 次，你就有 95% 的概率能做成。

计算过程如下，对公式头疼的朋友可以直接略过。

做 1 次失败的概率为：$1 - 20\% = 80\% = 0.8$

重复做 n 次都失败的概率是：$80\%^n = 1 - 95\% = 5\% = 0.05$（重复做 n 次至少有 1 次成功的概率是 95%，就相当于重复做 n 次、每一次都不成功的概率是 5%）

$$n = \log_{0.8}^{0.05} \approx 13.42$$

所以，重复做 14 次，你成功的概率能达到 95%。

如果你要达到 99% 的成功概率，那么你需要重复做 21 次。

那想达到 100% 的成功概率呢？对不起，这个世界上没有

100% 的概率，所有人想要做成事，都需要一点点运气。

我们经常说"正确的事情，重复做"，这其实就是概率论的通俗表述。

所谓"正确的事情"，指的就是大概率能成功的事情。而所谓的"重复"是什么？其实，学会了概率论，我们就对重复这件事有了定量的理解。

在商业世界中，20% 的成功概率已经不算小了，毕竟，你只要把这件事重复做 14 次，你的成功概率就能达到 95%。

理解了这一点，你就会知道，一次创业就成功的概率太小了，所以，你在融资的时候，不能只做融资一次的打算，而需要做融资更多次的打算。

很多人还想过另一个问题：假如我在一个领域成功的概率是 1%，那么我同时做 20 个领域，是不是与在一个领域达到 20% 成功概率的效果是一样的？

如果我们依然把有 95% 的概率成功定为成功的标准，那么 1% 成功概率的事情，你需要重复做 298 次。而这，还只是一个领域。

这就像很多人会问："我是成为一个全才，把 20 个领域都试个遍更容易成功，还是成为一个专才，在一个领域深耕更容易成功？"概率论会告诉你，成为一个专才，成功的可能性更大。

理解了这一点，你就会明白，创业要专注，不要做太多事。如果做太多事，你本来 20% 的成功概率就只剩 1% 了，你成功的可能性就会更小。

你看，虽然这个世界上没有 100% 的成功概率，但是只要重复做大概率成功的事情，你成功的概率就能够接近 100%。这就是从不确定性中找到确定性。这是概率论教给我们的最重要的思维。

我们学习概率论，不是为了做题，而是为了理解这种思考方法。这样，在做人生选择的时候，我们就能选对那条大概率成功的道路。

用动态的眼光看问题

第二种数学思维源于微积分，叫作"用动态的眼光看问题"。

很多人一听到"微积分"，就想起那些复杂的微分方程、积分方程，就会头疼。别怕，我们不谈方程，只谈微积分的思维方式。微积分的思维方式其实特别简单，也正因为简单到极致，所以非常漂亮。

微积分是牛顿发明的，他为什么要发明微积分呢？是为了"虐死"后世的我们吗？当然不是。

其实在牛顿以前，人们对速度这些变量的了解，仅限于平均值的层面。比如，我知道一段距离的长短和走完这段距离的时间，就可以算出平均速度。但是，我并不了解每个瞬间的速度。于是，牛顿发明了微分，用"无穷小"这种概念帮助我们把握瞬间的规律。而积分跟微分正好相反，它反映的是瞬间变量的积累效应。

那么，到底什么是微积分？

我举个简单的例子。一个物体静止不动，你推它一把，会瞬间产生一个加速度。但有了加速度，并不会瞬间产生速度。当加速度累积一段时间后，才会产生速度。而有了速度，并不会瞬间产生位移。当速度累积一段时间后，才会有位移。

宏观上，我们看到的是位移，但是从微观的角度来看，整个过程是从加速度开始的：加速度累积，变成速度；速度累积，变成位移。这就是积分。

反过来说，物体之所以会有位移，是因为速度经过了一段时间的累积。而物体之所以会有速度，是因为加速度经过了一段时间的累积。位移（相对于时间）的一阶导数是速度，而速度（相对于时间）的一阶导数是加速度。宏观上我们看到的位移，微观上其实是每一个瞬间速度的累积。而位移的导数，就是从宏观回到微观，去观察它的瞬间速度。这就是微分。

那么，微积分对我们的日常生活到底有什么用呢？

理解了微积分，你看问题的眼光就会从静态变为动态。

加速度累积，变成速度；速度累积，变成位移。其实人也是一样。你今天晚上努力学习了，但是一晚上的努力并不会直接变成你的能力。你的努力得累积一段时间，才会变成你的能力。而你有了能力，并不会马上做出成绩。你的能力得累积一段时间，才会变成你的成绩。而你有了一次成绩，并不会马上得到领导的赏识。你的成绩也得累积一段时间，才会使你得到领导的赏识。

从努力到能力，到成绩，到赏识，是有一个过程的，有一个积分的效应。

但是，你会发现，生活中有很多人，在开始努力的第一天就会抱怨："我今天这么努力，领导为什么不赏识我？"他忘了，想要得到领导的赏识，还需要一个积分的效应。

反过来说，有的人一直以来工作都做得很好，但是从某个时候开始，因为一些原因他慢慢懈怠了，努力程度下降了。但这个时候，他的能力并不会马上跟着下降，可能过了三四个月，能力的下降才会显示出来，他会发现做事情不像以前那么得心应手了。又过了三四个月，领导开始越来越看不上他做出来的东西了。在这一瞬间，很多人会觉得"有什么大不了的，我不过就是这一件事没做好呗"，但他忘了，这其实是一个积分效应，早在七八个月前他不努力的时候，就给这样的结果埋下了种子。

努力的时候，希望瞬间得到大家的认可；而出了问题后，却不去想几个月前的懈怠。这是很多人容易走进的思维误区。

但如果你理解了微积分的思维方式，能够用动态的眼光来看问题，你就会慢慢体会到，努力需要很长时间才会得到认可，你会因此拥有平衡的心态，避免犯这样的错误。

吴军老师经常讲一句话，"莫欺少年穷"。其实，从本质上来说，这也是微积分的思维方式。少年虽穷，目前积累的还很少，但是，只要他的增速（用数学语言来说，叫导数）够快，经过 5 年、10 年，他的积累会非常丰厚。

吴军老师还给年轻人提过一个建议：不要在乎你的第一份薪水。这也是微积分的思维方式。一开始拿多少钱不重要，重要的是增速（导数）。

从本质上来说，微积分的思维方式就是用动态的眼光看问题。一件事情的结果并不是瞬间产生的，而是长期以来的积累效应造成的。出了问题，不要只看当时那个瞬间，只有从宏观一直追溯（求导）到微观，才能找到问题的根源。

公理体系

第三种数学思维源于几何学，叫作公理体系。

什么是公理体系？举个例子，几何学有一门分科叫欧几里得几何，也被称为欧氏几何。欧氏几何有五条最基本的公理：

（1）任意两个点可以通过一条直线连接。

（2）任意线段能无限延长成一条直线。

（3）给定任意线段，可以以其一个端点为圆心，该线段为半径作圆。

（4）所有直角都相等。

（5）若两条直线都与第三条直线相交，并且在同一边的内角之和小于两个直角和，则这两条直线在这一边必定相交。

公理是具有自明性并且被公认的命题。在欧氏几何中，其他所有的定理（或者说命题）都是以这五条公理为出发点，利用纯逻辑推理的方法推导出来的。

由这五条公理可以推导出无数条定理，比如，每一条线的角度都是 180 度；三角形的内角和等于 180 度；过直线外的一点，有且只有一条直线和已知直线平行……这构成了欧氏几何庞大的公理体系。

如果说公理体系是一棵大树，那么，公理就是大树的树根。

而在几何学的另一门分科罗巴切夫斯基几何中，它的公理体系又不一样了。

由罗巴切夫斯基几何的公理可以推导出这样的定理：三角形的内角和小于 180 度；过直线外的一点，至少有两条直线和已知直线平行。这与欧氏几何是完全不同的。（罗巴切夫斯基几何虽然看上去好像违反常识，但它解决的主要是曲面上的几何问题，跟欧氏几何并不冲突。）

公理不同，推导出来的定理就不同，因此，罗巴切夫斯基几何的公理体系与欧氏几何的公理体系完全不同。

在几何学中，一旦制定了不同的公理，就会得到完全不同的知识体系。这就是公理体系的思维。

这种思维在我们的生活中非常重要，比如，每家公司都有自己的愿景、使命、价值观，或者说公司基因、文化。因为愿景、使命、价值观不同，公司与公司之间的行为和决策差异就会很大。

一家公司的愿景、使命、价值观，就相当于这家公司的公理。公理直接决定了这家公司的各种行为往哪个方向发展。所有规章制度、工作流程、决策行为，都是在愿景、使命、价值观这些公理上"生长"出来的定理，它们构成了这家公司的公理体系。

而这个体系一定是完全自洽的。什么叫完全自洽？这指的是，一家公司一旦有了完备的公理体系，就不需要老板来做决定了，因为公理能推导出所有的定理。不管公司以后如何发展，只要有公理存在，就会演绎出一套能够解决问题的新法则（定理）。

如果你发现你的公司每天都需要老板来做决定，或者公司的规章制度、工作流程、决策行为与公司的愿景、使命、价值观不符，那么说明公司的公理还不完备，或者你的推导过程出现了问题。这时，你需要修修补补，将公司的公理体系一步步搭建起来。

我曾对小伙伴说："我在公司只做三件事：设置责权利、

捍卫价值观和做一只安静的'内容奶牛'。关于责权利法则，我们只有一条公理——创造最大价值的人获得最大的收益。所有制度安排，都是我用我有限的智商根据这条公理推演出的定理。任何制度安排（定理），如果违背了唯一的公理，那一定是我的智商不够用导致的。我会为我的智商道歉，然后坚定地修改制度安排（定理）。如果我拒不改正，或者对公理有动摇，请毅然决然地离开我。那个我不值得你们跟随。我们因为有相同的公理体系而彼此成就。"

公理没有对错，不需要被证明，公理是一种选择，是一种共识，是一种基准原则。

制定不同的公理，就会得到完全不同的公理体系，并因此得到完全不同的结果。

数字的方向性

第四种数学思维源于代数，叫作"数字的方向性"。

我们学代数，最开始学的是自然数，包括 0 和正整数；然后学的是整数，包括自然数和负整数；之后，学的是有理数，包括整数和分数。

在学习分数之前，在我们的认知中，数字是离散的，是一个一个的点。而有了分数，数字就开始变得连续了。这就像在生活中，一开始你看事情，看的是对和错、大和小。慢慢地，你认识到世界其实并没有这么简单，你看事情开始看到灰度。

学了有理数之后，我们又学了无理数。无理数就是无限不循环小数，比如 π。任何一个有理数，都可以由两个数相除而得来。但是，无理数是无限不循环的小数，你找不到任何规律。这会让你认识到，在这个世界上，有些事情就是复杂到没有规律。π 就是 π，根号就是根号，它就是很复杂，你不要试图用简单粗暴的方式来定义它。你要承认它的客观存在，承认这个世界的复杂性。

你看，我们不断地深入学习各种数，其实是在一步一步地理解世界的复杂性。

往更复杂的程度上说，数这个东西，除了大小，还有一个非常重要的属性：方向。在数学上，我们把有方向的数字叫作向量。

数其实是有方向的，认识到这一点对我们的生活有什么用呢？

我举个例子。假如你拖着一个箱子往东走，你的力气很大，有 30 牛顿。这时来了一个人，非要跟你对着干，把箱子往西拖，他力气没你大，只有 20 牛顿。结果如何呢？这个箱子还是会跟着你往东走，不过只剩下 10 牛顿的力，它的速度会慢下来。

这就像在公司里做事，两个人都很有能力，合作的时候，如果他们的能力都能往一个方向使，形成合力，这是最好的结果。但如果他们的能力不往一个方向使，反而互相牵制，那可能还不如把这件事完全交给其中一个人来做。

还有一种情况：做同一件事情，有的人想往东走，有的人想往西走，有的人想往北走，而你并不知道哪个方向是正确的。这时，你想要的不是合力的大小，而是方向的相对正确性。那你该怎么办呢？

你就让他们都去干这件事吧。虽然大家的方向不同，彼此会互相牵制，力的大小也会有损耗，但是最终事情的走向会是相对正确的方向。

全局最优和达成共赢

第五种数学思维源于博弈论，叫作"全局最优和达成共赢"。

什么是博弈论？我们每天都要做大大小小的决策，比如，今天是喝咖啡还是喝茶就是一个决策。但这个决策只跟自己有关，并不会涉及别人。而在生活中，有一类决策涉及别人的决策逻辑，我们把它叫作博弈论。

比如，下围棋就是典型的博弈。每走一步棋，我的所得就是你的所失，我的所失就是你的所得。这是博弈论中典型的零和博弈。

在零和博弈中，你要一直保持清醒：你要的是全局的最优解，而不是局部的最优解。

比如，围棋追求的不是每一步都要吃掉对方最多的子，而是让终局所得最多。为此，你要步步为营，讲究策略，有时甚至需要通过让子来以退为进。

经营公司也是一样，不要总想着每件事情都必须一帆风顺，如果你想得到最好的结果，在一些关键步骤上就要做出妥协。

除了零和博弈，还有一种博弈，叫作非零和博弈。非零和博弈讲究共赢，共赢的前提是建立信任，但建立信任特别不容易。

假如市场上需要 100 万台冰箱，第一个厂家发现了这个需求，决定马上生产 100 万台。第二个厂家发现了这个需求，也决定马上生产 100 万台。第三个厂家也同样决定马上生产 100 万台……结果，每一个厂家都生产了 100 万台，供大于求，这导致大部分厂家都遭受了很大的损失。

如果大家能够建立起信任，商量好 10 个厂家每个都只生产 10 万台，就正好能满足市场需求，每个厂家都能赚到钱，大家达成共赢。

但是，只要有一个厂家没有遵守约定，比如别人都生产了 10 万台，它却生产了 30 万台，就会导致大家都因此遭受损失。

建立信任，特别不容易，但在商业世界里，这是非常重要的。那么，怎么才能建立信任呢？

我给你两个建议。

第一，你要找到那些能够建立信任的伙伴。有些人你是永远都无法和他达成共赢的，这样的人你要远离。

第二，你要主动释放值得信任的信号。你要先让别人知道你是值得信任的人，这样想要与你达成共赢的人才会找到你。

这五种数学思维——从不确定性中找到确定性、用动态的眼光看问题、公理体系、数字的方向性，以及全局最优和达成共赢，我希望你能看懂，并且将其运用到你的工作和生活中。

我也希望能借此向你传达一个观念：数学不难，真的不难。你不一定要会解大部分数学题，不一定要能背下来所有的公式，也不一定要在数学考试中拿满分，但是你至少要训练自己的数学思维。训练数学思维，是为了拥有符合规律的思维方式。

孔子说："三十而立，四十而不惑，五十而知天命，六十而耳顺，七十而从心所欲不逾矩。"所谓"从心所欲不逾矩"，不是说你要通过约束自己来让自己做的事情不越出边界，而是当你拥有符合规律的思维方式时，你做的事情根本就不会越出边界。

这就是从心所欲的自由。

五道微软面试题

微软这样的公司是怎么面试人的？它看重哪些重要的能力？

我是 1999 年加入微软的。我清楚地记得，我从北京坐火车去上海面试，早上如约走进微软，人力资源部人员把我安排进一间会议室。

9 点半，一位一看就是"宅男"的微软员工顶着光环走进来，一边看我的简历，一边问我问题。我面前有一本草稿纸，给我思考和计算用。我注意力高度集中地回答了一个小时的问题，然后，他在面试表格上写了点什么，就带着表格出去了。我想：是不是结束了？

可是我错了。紧接着，又进来一个人，又是一个"宅男"，又和我聊了一个小时。然后，又进来一个人……就这样，这个会议室一共进来了 6 个人，我的面试从早上 9 点半一直持续到下午 3 点半。

最后，有人把我从会议室带到一间办公室，办公室里的人一看就是"大 BOSS"（非常厉害的人物）。"大 BOSS"又对我进行了一个小时的面试，最后当场通知我：欢迎加入微软。后来我才知道，这个"大 BOSS"就是时任微软中国区总裁的唐骏。

当时的微软亚洲技术中心只有 80 人，升级为微软全球技术中心后，人数涨到了 500 多人。我也从工程师变成了部门经理、高级经理，后来还当上了战略合作总监。在微软的 14 年职业生涯中，我面试了至少 1000 人，也接受了好几个关于如何面试的培训。

在这里，我把我接受面试时被问到的那些题，以及我传承下来后去面试别人的题分享给你。

这些题不是从网上随便找来的"世界 500 强面经"，而是微软真实使用过的面试题。每道题都有其出发点和考点。

我从这些题中选取了五道，这五道题是：

（1）有三个连续的、大于 6 的整数，已知其中两个是质数，求证第三个数能被 6 整除。

（2）有两个骰子，每一个骰子都是六面正方体，每一面上只能放 0～9 中的一个数字，这两个骰子如何组合才能达到显示日历的效果（从 01～31）？

（3）昨天，我在早上 8 点开始爬山，晚上 8 点到达山顶。睡了一觉后，今天，我在早上 8 点开始从山顶原路下山，晚上 8 点到达山脚。请问，有没有一个时刻，昨天的我和今天的我站在同样的位置？

（4）上海有多少辆自行车？

（5）如何用两个指针判断一个链表是否有环？

请写下你对这些题的思考过程，得出你的答案。最后一道题需要一定的数据结构知识，如果你没有学过计算机，可以忽略。

记住：答案不是最重要的，思考过程最重要。答案也未必是唯一的。

思考完了吗？下面，我给出答案以及背后的考点和出发点。你准备好了吗？一定要思考完再看哦。

（1）有三个连续的、大于 6 的整数，已知其中两个是质数，求证第三个数能被 6 整除。

"三个连续的、大于 6 的整数"我们都明白，比如 7，8，9，或者 11，12，13 等。题中还给了一个条件"其中两个是质数"，质数我们也明白，就是只能被 1 和这个数字本身整除的数。而要求证的是"第三个数能被 6 整除"。为什么突然冒出来一个 6？这个 6 是怎么来的，是解这道题的关键。

以往我当面试官的时候通常会给面试者一摞草稿纸，在面试者抓耳挠腮地计算时，我会建议他把自己的思考过程说出来，一边说一边思考，这样我就能知道他的思考过程。比如，有的面试者可能会列一堆方程式，n，$n+1$，$n+2$ 等，然后用方程式来计算它们与 6 的关系。这时我就知道，他陷入"歧途"了。

那这道题的正确解法是什么呢？

你要先把"能被 6 整除"分解成"能被 2 整除，也能被 3 整除"，然后你只需要证明第三个数既能被 2 整除也能被 3 整除就可以了。

只要你想到了这一步，接下来就非常简单，甚至接近于常识了。

我们知道，任意连续的两个整数中一定有一个数是 2 的倍数，也就是能被 2 整除。我们还知道，任意三个整数中一定有一个数是 3 的倍数，也就是能被 3 整除。也就是说，在连续的 3 个整数中，一定有一个数能被 2 整除，还有一个数能被 3 整除。

但是题干告诉我们，题中的三个数有两个都是质数，也就是只能被 1 和这个数本身整除，而且这三个数都大于 6，不可能是 2 或者 3。所以，这三个数里能被 2 整除的数和能被 3 整除的数只能是同一个数，也就是这两个质数之外的第三个数。

这样，我们就证明了第三个数既能被 2 整除也能被 3 整除，也就是能被 6 整除。

听我说完之后你会发现，这道题考的是小学数学知识。我当年进微软的时候也被考过这道题，那么，为什么要考这道题呢？

因为这道题能考验一个人分解问题的能力，对应到这道题，就是把"能被 6 整除"分解为"能被 2 整除，也能被 3 整除"。这种能力特别重要。

比如，假设你有一个重要客户的电脑突然宕机了，你远在千里之外只能用电话远程指挥他解决问题，但电脑宕机的原因有千万种，你怎么办？如果你懂得分解问题就会知道，这种情况无非三种可能：电源没插好、硬件出了问题、软件出了问题。这时，你可以一一排除，找出问题到底出在哪里。

再比如，如何解决全球变暖问题，如何解决碳排放问题？专家们给出了成千上万个建议，彼此吵得不可开交。但是比尔·盖茨（Bill Gates）在一次 TED（Technology，Entertainment，Design，即科技、娱乐、设计）演讲中给出了一个解决碳排放问题的"分解公式"：

$$CO_2 = P \times S \times E \times C$$

式中：P 是 Population，人口；S 是 Service Per Person，

即每个人使用多少项服务，比如开车、壁炉、烧烤等；E 是 Energy Per Service，即每项服务使用多少能源；C 是 CO_2 Per Unit Energy，即每单位能源排放多少二氧化碳。

所以，解决碳排放问题，就是分别解决人口问题（P）、环保的生活方式问题（S）、能源使用效率问题（E）、能源产生的碳排放问题（C）。每个人、每个领域各司其职，共同推进。

你看，一个如此宏大的问题被分解为四个问题后，就变得简单多了。这种分解能力可以用来拯救世界。

所以，面试微软员工时，我们特别重视考查候选人分解问题、解决问题的能力。这道题只是众多考查分解能力的试题中的一道。

答案不是最重要的，思维习惯更重要。如果你太轻松地直接说出答案，我会给你换另一道更难的题。

（2）有两个骰子，每一个骰子都是六面正方体，每一面上只能放 0 ～ 9 中的一个数字，这两个骰子如何组合才能达到显示日历的效果（从 01 ～ 31）？

这道题有其逻辑：首先，大多数人都会想到，我们有两个立方体，那么一共有 12 个面。现在把 0 ～ 9 一共 10 个数放到这 12 个面上，一定有数字是重复出现在两个立方体上的。

那么，哪些数是重复出现的呢？

考虑到我们的目的是用这两个立方体来表示日历，也就是 01 ～ 31 这一串数字。那么，有哪些数字是个位和十位上都必须有的呢？

日历上有 11 号和 22 号，所以 1 和 2 这两个数字在两个立方体上都必须出现，这样一算，正好 12 个数字和 12 个面可以一一对应了。

但是你仔细想想，就会发现不对：当日期是一位数的时候，0 需要在十位的位置上补位，所以 0 也必须同时出现在两个立方体上。如果 0 也必须出现 2 次，那就有 13 个数字出现在 12 个面上了，这样就少了一个面。

你能想到这里，就已经能拿到一半的分数了。

那少的这一面该怎么办？怎么在 12 个面上放 13 个数字？有没有数字能重复用？

有，那就是 6 和 9。到这为止，这个问题已经被解决了。

这个问题考核的是什么呢？

这里的考点叫"跨越思维"，也就是跳出固定框架思考的能力。如果你觉得 6 就是 6，9 就是 9，那么你没有跳出固定的思维框架。

这种跨越思维的能力在现实生活中极其重要。比如，谁说冰箱的冰格一定要在冰箱里面呢？如果把冰格放置在厨房各处呢？这就是"分布式冰箱"。

跨越思维是创新的源泉。对创新能力要求高的岗位，微软非常重视对这种能力的考核。

同样，如果我感觉到你对这道题很熟悉，后面还有几十道类似的题等着你。再次记住，思维方式比答案重要。

（3）昨天，我从早上 8 点开始爬山，晚上 8 点到达山顶。睡了一觉后，今天，我从早上 8 点开始从山顶原路下山，晚上 8 点到达山脚。请问，有没有一个时刻，昨天的我和今天的我站在同样的位置？

这道题我先告诉你答案：一定有。

很多同学会想：我上山和下山的速度肯定是不一样的，是不是一定有呢？可能有吧。

怎么证明呢？很多人开始列方程，用一打草稿纸来计算也没算出来。

这道题考的是"转换思维"。

你可以把这道题转换成这样一道题：你和另一个人，一个从山顶往下走，一个从山脚往上走，走的是同一条路，是不是一定会相遇？

答案是一定的，你们走在一条路上，一定会遇见的。

这道题就是这么简单，但如果你不懂得转换思维，可能就答不出来。

如果你习惯用数学方式来解题，我还可以给你提供另一个思路：

你可以画一个坐标系，横轴是时间，从早上 8 点到晚上 8 点，纵轴是山的高度，从 0 到海拔多少米。然后，按照两天的行程画出两条线，你会发现，无论你怎么画，无论两天的速度是多么不一样，这两条线一定会在某一时刻、某一高度相交，如图 B-1 所示。

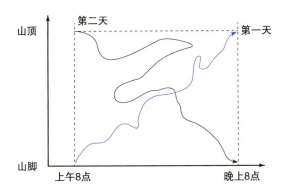

图 B-1　在坐标系中这两条线总会相交

转换思维有什么用处呢？它能让你用"其实就是"这四个字看透问题，然后找到解决方案。

顾客吃完饭结账，花了 200 元。服务员说："对了，我们今天有个充值免单活动。您只要充值 1000 元，这顿饭就可以免单，很划算呢。"全额免单？这是莫大的优惠啊！你可能马上就会充值 1000 元。

但是，如果你有转换思维，就会想到，这"其实就是"花 1000 元买 1200 元的东西，相当于打了 8.3 折。

"其实就是"的转换思维在解决商业问题、技术问题时至关重要。

（4）上海有多少辆自行车？

这道题考的是"系统思维"，也就是你理解系统与事物之间的关联关系的能力。

这道题是没有标准答案的，我在这里给你提供几种思路。

比如，你可以先查一下上海一共有多少人口，然后估算一下总人口中有多大比例的人骑自行车。比如 20 ～ 60 岁的有工作的人可能会骑自行车，根据这些人在总人口中的比例，你可以估算出上海有多少辆自行车。

你还可以大致算一下上海有多少条街道，每条街道大致能容纳多少辆自行车，这样也能得出一个相对准确的数字。

还有另一种思路：以前自行车都是要挂车牌的，你去街上随机拦几十辆自行车，算出这几十辆自行车车牌数字的中位数，通过这个中位数，也能估算出上海市一共发放了多少车牌。

当然，这些都是思路，而且并非完美的思路。这就对了。因为只有当一道题没有标准答案时，我才能测试你的思路，测试你发现自行车和人群、自行车和街道、自行车和车牌，以及自行车和这个生态中其他因素的关系的能力，也就是建立模型、构建系统的能力。

你建立模型、构建系统的能力越接近现实世界，你的系统思维就越强。

这种系统思考的能力在软件世界有多重要，我想就不用我多说了。就算在商业世界，系统思维也非常重要。比如，在分析房价问题时，到底是房租决定了房价，还是房价决定了房租？如果你能画出一张模型图，找到中间相互关联的各种自变量和因变量，你就能系统性地思考和回答这个问题。

（5）如何用两个指针来判断一个链表是否有环？

大部分人是没学过数据结构的，如果你不懂这方面的知识，可以忽略这道题。这其实是我埋的一个伏笔。我之所以选这道题，是想看看在不懂计算机、不懂数据结构的情况下，你是否会去查一查什么是链表，什么是指针。

以前我在微软的时候，有一个人来面试，但是没通过，他特别遗憾，说自己特别想进微软。他的面试官就从桌上拿起了一本厚厚的全英文的书，对他说："如果你真的想来微软，就把这本书拿回去看，一个星期之后再过来。"

一个星期后，这个人真的回来了，而且很不错地回答了考官问的关于这本书的问题。要知道，这本书是全英文的专业书，如果一个人没有强烈的求知欲和快速学习能力，是不可能在一周之内看完的。

后来，这个人如愿以偿地进了微软。当我们问他是怎么啃下这本这么难的书时，他说，他天天在家翻这本书，夏天天气热，他妈妈就在旁边帮他扇扇子，就这么没日没夜地看了一个星期。

这道题也是一样，考查的是你的求知欲和快速学习能力。

回到这道题上来，你对区块链感兴趣吗？区块链就是一种链表。但是，很多号称懂区块链的人可能从来没有学过"链表"这种数据结构。我简单介绍一下。

什么叫作"用两个指针来判断一个链表是否有环"？

你可以把"链表"想象成无数个小房间，每个房间里面都有一张纸条，纸条上写的是下一个房间的号码，如果你进到第 357 号房间，纸条上写着"456"，那你就跑到第 456 号房间，而 456 房间里面写着"578"，你就跑到第 578 号房间，然后从第 578 号房间再到第 632 号房间，从第 632 号房间再到第 7 号房间。这就是链表，其实一点都不复杂。

那什么是有环呢？你到了第 7 号房间，发现里面的纸条写着"456"，于是你进到第 456 号房间：咦，我刚才不是来过吗？这就是环。

那什么是指针呢？可以说，一直在走的这个人就是指针。

那怎么来判断这个链表是不是有环？这考查的是"相对思维"。

这道题的解法是这样的：让两个人同时"走房间"，其中一个人一间一间地走，另一个人要走得更快一些，在前一个人走一个房间的时间内，他要走两个房间。这样，每当前者走一个房间，后者就比前者多走了一个房间，相对于前者，后者多走的房间越来越多。如果这个链表有环的话，后者一定会在某一个房间和前者相遇，否则，两人都会先后到达终点。

这就是相对思维，在一个无休无止的问题里，你要懂得制造相对速度。

好了，通过这五道题，我讲了微软面试的时候非常看重的独立于专业知识的几种思维能力：分解能力、跨越思维、转换思维、系统思维和相对思维。

我很有幸通过了面试，并加入了微软。在微软的 14 年和创业的 5 年里，我深深地感受到这些能力对我的巨大帮助。

不管你是否想加入微软，我都建议你培养这些能力。是否能做出这些题不重要，拥有这些思维能力很重要。

推荐阅读

底层逻辑：看清这个世界的底牌

作者：刘润 著 ISBN：978-7-111-69102-0

为你准备一整套思维框架，助你启动"开挂人生"

底层逻辑2：理解商业世界的本质

作者：刘润 著 ISBN：978-7-111-71299-2

带你升维思考，看透商业的本质

进化的力量

作者：刘润 著 ISBN：978-7-111-69870-8

提炼个人和企业发展的8个新机遇，帮助你疯狂进化！

进化的力量2：寻找不确定性中的确定性

作者：刘润 著 ISBN：978-7-111-72623-4

抵御寒气，把确定性传递给每一个人